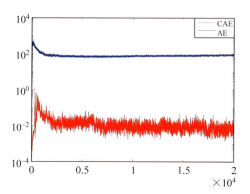

图 4-18　收缩自编码器收缩正则项的值与自编码器该值的对比

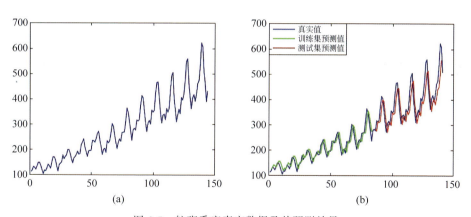

图 6-5　航班乘客真实数据及其预测效果

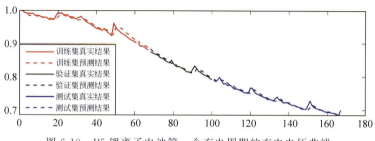

图 6-10　B5 锂离子电池第一个充电周期的充电电压曲线

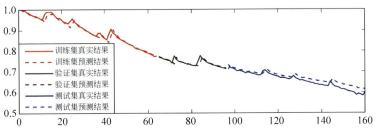

图 6-11 B6 锂离子电池第一个充电周期的充电电压曲线

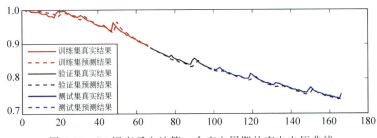

图 6-12 B7 锂离子电池第一个充电周期的充电电压曲线

智能制造系列教材

深度学习

DEEP LEARNING

文龙 李新宇 编著

清华大学出版社
北京

版权所有，侵权必究。举报：010-62782989，beiqinquan@tup.tsinghua.edu.cn。

图书在版编目(CIP)数据

深度学习/文龙,李新宇编著. —北京：清华大学出版社,2022.8
智能制造系列教材
ISBN 978-7-302-60391-7

Ⅰ.①深… Ⅱ.①文… ②李… Ⅲ.①机器学习－高等学校－教材 Ⅳ.①TP181

中国版本图书馆 CIP 数据核字(2022)第 047605 号

责任编辑：刘 杨 冯 昕
封面设计：李召霞
责任校对：王淑云
责任印制：宋 林

出版发行：清华大学出版社
网　　址：http://www.tup.com.cn, http://www.wqbook.com
地　　址：北京清华大学学研大厦 A 座　　邮　编：100084
社 总 机：010-83470000　　邮　购：010-62786544
投稿与读者服务：010-62776969, c-service@tup.tsinghua.edu.cn
质量反馈：010-62772015, zhiliang@tup.tsinghua.edu.cn

印 装 者：三河市国英印务有限公司
经　　销：全国新华书店
开　　本：170mm×240mm　　印 张：6.25　　插 页：1　　字 数：124 千字
版　　次：2022 年 8 月第 1 版　　　　　　　　印 次：2022 年 8 月第 1 次印刷
定　　价：26.00 元

产品编号：091062-01

智能制造系列教材编审委员会

主任委员

  李培根 雒建斌

副主任委员

  吴玉厚 吴 波 赵海燕

编审委员会委员（按姓氏首字母排列）

  陈雪峰 邓朝晖 董大伟 高 亮
  葛文庆 巩亚东 胡继云 黄洪钟
  刘德顺 刘志峰 罗学科 史金飞
  唐水源 王成勇 轩福贞 尹周平
  袁军堂 张 洁 张智海 赵德宏
  郑清春 庄红权

秘书

  刘 杨

丛书序1
FOREWORD

多年前人们就感叹,人类已进入互联网时代;近些年人们又惊叹,社会步入物联网时代。牛津大学教授舍恩伯格(Viktor Mayer-Schönberger)心目中大数据时代最大的转变,就是放弃对因果关系的渴求,取而代之关注相关关系。人工智能则像一个幽灵徘徊在各个领域,兴奋、疑惑、不安等情绪分别蔓延在不同的业界人士中间。今天,5G的出现使得作为整个社会神经系统的互联网和物联网更加敏捷,使得宛如社会血液的数据更富有生命力,自然也使得人工智能未来能在某些局部领域扮演超级脑力的作用。于是,人们惊呼数字经济的来临,憧憬智慧城市、智慧社会的到来,人们还想象着虚拟世界与现实世界、数字世界与物理世界的融合。这真是一个令人咋舌的时代!

但如果真以为未来经济就"数字"了,如果真以为传统工业就夕阳了,那可以说我们就真正迷失在"数字"里了。人类的生命及其社会活动更多地依赖物质需求,除非未来人类生命形态真的变成"数字生命"了。不用说维系生命的食物之类的物质,就连"互联""数据""智能"等这些满足人类高级需求的功能也得依赖物理装备。所以,人类最基本的活动便是把物质变成有用的东西——制造!无论是互联网、物联网、大数据、人工智能,还是数字经济、数字社会,都应该落脚在制造上,而且制造是其应用的最大领域。

前些年,我国把智能制造作为制造强国战略的主攻方向,即便从世界上看,也是有先见之明的。在强国战略的推动下,少数推行智能制造的企业取得了明显效益,更多企业对智能制造的需求日盛。在这样的背景下,很多学校成立了智能制造等新专业(其中有教育部的推动作用)。尽管一窝蜂地开办智能制造专业未必是一个好现象,但智能制造的相关教材对于高等院校凡是与制造关联的专业(如机械、材料、能源动力、工业工程、计算机、控制、管理……)都是刚性需求,只是侧重点不一。

教育部高等学校机械类专业教学指导委员会(以下简称"教指委")不失时机地发起编著这套智能制造系列教材。在教指委的推动和清华大学出版社的组织下,系列教材编委会认真思考,在2020年的新型冠状病毒肺炎疫情正盛之时即视频讨论,其后教材的编写和出版工作有序进行。

本系列教材的基本思想是为智能制造专业以及与制造相关的专业提供有关智

能制造的学习教材,当然也可以作为企业相关的工程师和管理人员学习和培训之用。系列教材包括主干教材和模块单元教材,可满足智能制造相关专业的基础课和专业课的需求。

主干课程教材,即《智能制造概论》《智能装备基础》《工业互联网基础》《数据技术基础》《制造智能技术基础》,可以使学生或工程师对智能制造有基本的认识。其中,《智能制造概论》教材给读者一个智能制造的概貌,不仅概述智能制造系统的构成,而且还详细介绍智能制造的理念、意识和思维,有利于读者领悟智能制造的真谛。其他几本教材分别论及智能制造系统的"躯干""神经""血液"以及"大脑"。对于智能制造专业的学生而言,应该尽可能必修主干课程。如此配置的主干课程教材应该是此系列教材的特点之一。

特点之二在于配合"微课程"而设计的模块单元教材。智能制造的知识体系极为庞杂,几乎所有的数字-智能技术和制造领域的新技术都和智能制造有关。不仅像人工智能、大数据、物联网、5G、VR/AR、机器人、增材制造(3D打印)等热门技术,而且像区块链、边缘计算、知识工程、数字孪生等前沿技术都有相应的模块单元介绍。这套系列教材中的模块单元差不多成了智能制造的知识百科。学校可以基于模块单元教材开出微课程(1学分),供学生选修。

特点之三在于模块单元教材可以根据各个学校或者专业的需要拼合成不同的课程教材,列举如下。

♯课程例1——"智能产品开发"(3学分),内容选自模块:
- 优化设计
- 智能工艺设计
- 绿色设计
- 可重用设计
- 多领域物理建模
- 知识工程
- 群体智能
- 工业互联网平台(协同设计,用户体验……)

♯课程例2——"服务制造"(3学分),内容选自模块:
- 传感与测量技术
- 工业物联网
- 移动通信
- 大数据基础
- 工业互联网平台
- 智能运维与健康管理

♯课程例3——"智能车间与工厂"(3学分),内容选自模块:
- 智能工艺设计

- 智能装配工艺
- 传感与测量技术
- 智能数控
- 工业机器人
- 协作机器人
- 智能调度
- 制造执行系统(MES)
- 制造质量控制

总之,模块单元教材可以组成诸多可能的课程教材,还有如"机器人及智能制造应用""大批量定制生产",等等。

此外,编委会还强调应突出知识的节点及其关联,这也是此系列教材的特点。关联不仅体现在某一课程的知识节点之间,也表现在不同课程的知识节点之间。这对于读者掌握知识要点且从整体联系上把握智能制造无疑是非常重要的。

此系列教材的作者多为中青年教授,教材内容体现了他们对前沿技术的敏感和在一线的研发实践的经验。无论在与部分作者交流讨论的过程中,还是通过对部分文稿的浏览,笔者都感受到他们较好的理论功底和工程能力。感谢他们对这套系列教材的贡献。

衷心感谢机械教指委和清华大学出版社对此系列教材编写工作的组织和指导。感谢庄红权先生和张秋玲女士,他们卓越的组织能力、在教材出版方面的经验、对智能制造的敏锐是这套系列教材得以顺利出版的最重要因素。

希望这套教材在庞大的中国制造业推进智能制造的过程中能够发挥"系列"的作用!

2021年1月

丛书序2
FOREWORD

　　制造业是立国之本,是打造国家竞争能力和竞争优势的主要支撑,历来受到各国政府的高度重视。而新一代人工智能与先进制造深度融合形成的智能制造技术,正在成为新一轮工业革命的核心驱动力。为抢占国际竞争的制高点,在全球产业链和价值链中占据有利位置,世界各国纷纷将智能制造的发展上升为国家战略,全球新一轮工业升级和竞争就此拉开序幕。

　　近年来,美国、德国、日本等制造强国纷纷提出新的国家制造业发展计划。无论是美国的"工业互联网"、德国的"工业4.0",还是日本的"智能制造系统",都是根据各自国情为本国工业制定的系统性规划。作为世界制造大国,我国也把智能制造作为制造强国战略的主改方向,于2015年提出了《中国制造2025》,这是全面推进实施制造强国建设的引领性文件,也是中国建设制造强国的第一个十年行动纲领。推进建设制造强国,加快发展先进制造业,促进产业迈向全球价值链中高端,培育若干世界级先进制造业集群,已经成为全国上下的广泛共识。可以预见,随着智能制造在全球范围内的孕育兴起,全球产业分工格局将受到新的洗礼和重塑,中国制造业也将迎来千载难逢的历史性机遇。

　　无论是开拓智能制造领域的科技创新,还是推动智能制造产业的持续发展,都需要高素质人才作为保障,创新人才是支撑智能制造技术发展的第一资源。高等工程教育如何在这场技术变革乃至工业革命中履行新的使命和担当,为我国制造企业转型升级培养一大批高素质专门人才,是摆在我们面前的一项重大任务和课题。我们高兴地看到,我国智能制造工程人才培养日益受到高度重视,各高校都纷纷把智能制造工程教育作为制造工程乃至机械工程教育创新发展的突破口,全面更新教育教学观念,深化知识体系和教学内容改革,推动教学方法创新,我国智能制造工程教育正在步入一个新的发展时期。

　　当今世界正处于以数字化、网络化、智能化为主要特征的第四次工业革命的起点,正面临百年未有之大变局。工程教育需要适应科技、产业和社会快速发展的步伐,需要有新的思维、理解和变革。新一代智能技术的发展和全球产业分工合作的新变化,必将影响几乎所有学科领域的研究工作、技术解决方案和模式创新。人工智能与学科专业的深度融合、跨学科网络以及合作模式的扁平化,甚至可能会消除某些工程领域学科专业的划分。科学、技术、经济和社会文化的深度交融,使人们可以充分使用便捷的软件、工具、设备和系统,彻底改变或颠覆设计、制造、销售、服务和消费方式。因此,工程教育特别是机械工程教育应当更加具有前瞻性、创新性、开放性和多样性,应当更加注重与世界、社会和产业的联系,为服务我国新的"两步走"宏伟愿景做出更大贡献,为实现联合国可持续发展目标发挥关键性引领作用。

需要指出的是,关于智能制造工程人才培养模式和知识体系,社会和学界存在多种看法,许多高校都在进行积极探索,最终的共识将会在改革实践中逐步形成。我们认为,智能制造的主体是制造,赋能是靠智能,要借助数字化、网络化和智能化的力量,通过制造这一载体把物质转化成具有特定形态的产品(或服务),关键在于智能技术与制造技术的深度融合。正如李培根院士在本系列教材总序中所强调的,对于智能制造而言,"无论是互联网、物联网、大数据、人工智能,还是数字经济、数字社会,都应该落脚在制造上"。

经过前期大量的准备工作,经李培根院士倡议,教育部高等学校机械类专业教学指导委员会(以下称"教指委")课程建设与师资培训工作组联合清华大学出版社,策划和组织了这套面向智能制造工程教育及其他相关领域人才培养的本科教材。由李培根院士和雒建斌院士为主任、部分教指委委员及主干教材主编为委员,组成了智能制造系列教材编审委员会,协同推进系列教材的编写。

考虑到智能制造技术的特点、学科专业特色以及不同类别高校的培养需求,本套教材开创性地构建了一个"柔性"培养框架:在顶层架构上,采用"主干课教材+专业模块教材"的方式,既强调了智能制造工程人才培养必须掌握的核心内容(以主干课教材的形式呈现),又给不同高校最大程度的灵活选用空间(不同模块教材可以组合);在内容安排上,注重培养学生有关智能制造的理念、能力和思维方式,不局限于技术细节的讲述和理论知识推导;在出版形式上,采用"纸质内容+数字内容"相融合的方式,"数字内容"通过纸质图书中镶嵌的二维码予以链接,扩充和强化同纸质图书中的内容呼应,给读者提供更多的知识和选择。同时,在教指委课程建设与师资培训工作组的指导下,开展了新工科研究与实践项目的具体实施,梳理了智能制造方向的知识体系和课程设计,作为整套系列教材规划设计的基础,供相关院校参考使用。

这套教材凝聚了李培根院士、雒建斌院士以及所有作者的心血和智慧,是我国智能制造工程本科教育知识体系的一次系统梳理和全面总结,我谨代表教育部机械类专业教学指导委员会向他们致以崇高的敬意!

2021 年 3 月

前言

PREFACE

智能制造是《中国制造 2025》的主攻方向。深度学习已经在智能制造中得到了广泛的应用,并逐渐向制造过程全生命周期的各个环节渗透和扩展。提到深度学习,很多人都不会陌生,甚至会思考如何借助深度学习的强大功能解决自己面对的各种实际问题。深度学习也正是一门应用性极强的工程技术。但是,深度学习的核心内容不仅包括机器学习的基本概念,还包括网络结构设计、模型训练方法等,具有一定的技术门槛,对初学者来说还具有一定的难度。如何能系统性地了解深度学习的基本原理,又能进行全面实践,这是十分重要的问题,也是本书力图解决的问题。

市面上深度学习的相关书籍很多,大多以深度学习的框架和使用为主,应用场景也多为计算机视觉、图像处理、自然语言处理等方向。本书则面向智能制造领域,面向对深度学习的基本理论和概念缺少深入了解的工程技术人员,以方便他们能更加快速地使用深度学习实现在工程上的科学应用。基于此,本书首先介绍了机器学习/深度学习的基本概念,从人工智能和机器学习的背景和基础理论讲起。然后介绍了当前常用的 3 种深度学习框架和案例,辅助读者能更快地实现自己的深度学习模型。最后,以 3 个典型案例介绍了深度学习在智能制造领域的常见应用。

本书的内容由浅入深,理论与实际相结合,其内容共分为 6 章。第 1 章介绍了人工智能、机器学习、深度学习的相关背景、发展历程及其关系;第 2 章介绍了深度学习的基础概念和相关组成要素;第 3 章介绍了 TensorFlow、Keras 和 PyTorch 3 种常用的深度学习框架;第 4 章采用 TensorFlow 实现自编码器模型,并在轴承故障诊断上得到应用;第 5 章采用 PyTorch 实现了卷积神经网络模型,并在产品表面缺陷上得到了应用;第 6 章采用 Keras 实现了循环神经网络,并在锂电池的健康程度评估上得到了应用。本书涉及的部分源代码可通过右侧二维码扫描下载。

本书源代码

限于作者水平,书中难免会有不足之处,敬请广大读者和专家批评指正。

作 者

2022 年 5 月

目 录
CONTENTS

第1章 绪论 ··· 1

  1.1 人工智能 ·· 1

    1.1.1 人工智能的研究范畴 ·· 2

    1.1.2 人工智能的三大学派 ·· 2

  1.2 机器学习 ·· 3

    1.2.1 机器学习的基本概念 ·· 3

    1.2.2 无监督学习、监督学习与强化学习 ······························ 3

    1.2.3 浅层机器学习 ·· 4

  1.3 深度学习 ·· 5

    1.3.1 深度学习的发展历程 ·· 5

    1.3.2 深度学习的应用 ··· 7

  1.4 习题 ··· 9

第2章 深度学习基础 ··· 10

  2.1 回归和分类 ·· 10

    2.1.1 回归模型 ··· 10

    2.1.2 分类模型 ··· 10

  2.2 人工神经网络 ··· 12

    2.2.1 M-P神经元模型 ·· 12

    2.2.2 多层感知机 ·· 12

  2.3 激活函数 ··· 13

  2.4 损失函数 ··· 15

  2.5 批量 ··· 16

  2.6 正则化 ·· 17

  2.7 模型评估与验证 ·· 17

  2.8 习题 ··· 19

第 3 章 常用深度学习框架 ……… 20

3.1 TensorFlow ……… 20
3.2 Keras ……… 23
3.3 PyTorch ……… 27
3.4 习题 ……… 32

第 4 章 自编码器及其应用示例 ……… 33

4.1 自编码器 ……… 33
4.1.1 自编码器的结构 ……… 33
4.1.2 自编码器的训练方法 ……… 34
4.1.3 自编码器的 TensorFlow 实现 ……… 35
4.2 自编码器的变体 ……… 37
4.2.1 稀疏自编码器 ……… 37
4.2.2 去噪自编码器 ……… 39
4.2.3 收缩自编码器 ……… 40
4.3 基于栈式自编码器的故障预测方法 ……… 42
4.3.1 栈式自编码器 ……… 42
4.3.2 轴承故障诊断应用案例 ……… 44
4.4 习题 ……… 49

第 5 章 卷积神经网络及其应用示例 ……… 50

5.1 卷积神经网络 ……… 50
5.1.1 卷积运算 ……… 50
5.1.2 卷积层 ……… 51
5.1.3 池化层 ……… 53
5.1.4 其他卷积方式 ……… 53
5.2 经典卷积神经网络模型 ……… 55
5.2.1 LeNet-5 网络 ……… 55
5.2.2 VGG 网络 ……… 56
5.2.3 Inception V3 网络 ……… 56
5.2.4 ResNet 网络 ……… 57
5.2.5 DenseNet 网络 ……… 57
5.3 基于细粒度模型的工业产品表面缺陷检测方法 ……… 58
5.3.1 细粒度图像分类 ……… 58
5.3.2 注意力机制 ……… 58

  5.3.3 基于细粒度的表面缺陷检测方法 ················· 59
  5.3.4 表面缺陷检测应用案例 ····················· 61
 5.4 习题 ································· 65

第6章 循环神经网络及其应用示例 ······················ 66
 6.1 循环神经网络 ····························· 66
  6.1.1 长短期记忆网络 ························ 67
  6.1.2 门控循环单元网络 ······················· 68
  6.1.3 案例介绍 ··························· 69
 6.2 自动机器学习 ····························· 70
  6.2.1 超参数优化问题 ························ 70
  6.2.2 超参数优化方法 ························ 71
  6.2.3 基于自动机器学习的工件质量符合率预测案例 ·········· 72
 6.3 基于超参数优化LSTM的锂电池健康程度评估方法 ············ 74
  6.3.1 锂电池数据集 ························· 74
  6.3.2 特征构造与选择 ························ 75
  6.3.3 基于长短期记忆网络的锂电池健康状态预测方法 ········· 75
 6.4 习题 ································· 79

参考文献 ··································· 80

第1章

绪论

深度学习是人工智能领域的研究热点之一。自 2012 年深度学习在图像识别领域取得重大突破以来，其在工业、农业、社会经济、医疗服务、交通等行业得到了越来越广泛的成功应用，例如，计算机视觉领域中的目标检测、语义分割中都有深度学习的身影。在智能制造领域，深度学习也得到了广泛的应用，如针对产品的表面缺陷检测、针对装备的剩余使用寿命预测、视觉驱动工业机器人抓取等。本章主要阐述人工智能、机器学习、深度学习的基本概念。

1.1 人工智能

人工智能(artificial intelligence, AI)是一门研究、开发用于模拟、延伸和扩展人的智能的理论、方法、技术及应用系统的技术学科。人工智能并非一个全新的概念，其早在 20 世纪就已诞生。人工智能的发展经历了艰难曲折探索、繁荣和低谷的更迭。直到 2016 年，机器人 AlphaGo 战胜世界顶级围棋棋手李世石，使得人工智能迎来了史上最大的一次繁荣发展时期。

1950 年，阿兰·图灵(Alan Mathison Turing，英国数学家、逻辑学家、计算机科学之父、人工智能之父，图 1-1(a))提出一个举世瞩目的想法——图灵测试：如果一台机器能够与人类开展对话而不被辨别出机器身份，则这台机器就具有智能。阿兰·图灵还大胆预言了真正具备智能的机器的可行性。1956 年达特茅斯(Dartmouth)会议被视为人工智能这一概念诞生的标志，该会议确定了人工智能的名称和任务(图 1-1(b))。在该会议上，约翰·麦卡锡(John McCarthy，人工智能

(a) 阿兰·图灵

(b) 达特茅斯学院

图 1-1 阿兰·图灵和达特茅斯学院

之父)提出了人工智能的定义:人工智能就是要让机器的行为看起来就像是人所表现出的智能行为一样。

1.1.1 人工智能的研究范畴

计算机如需通过图灵测试,必须具备理解语言、学习、记忆、推理、决策等能力。因此人工智能延伸出了很多子学科,如感知(如计算机视觉)、学习(如模式识别、机器学习、深度学习等)、语言(如自然语言处理)、记忆(如知识表示)、决策(如规划、数据挖掘)等。

人工智能根据能力强弱,可分为弱人工智能、强人工智能和超人工智能三个层次:

(1) 弱人工智能,指只能完成某一项特定任务或问题的人工智能,这是人工智能的近期奋斗目标,如苹果公司 Siri 能执行有限的预设功能,是相对复杂的智能体,但仍不具备智力或自我意识。

(2) 强人工智能,指能像人一样完成任何智力性任务的智能机器。它是一部分人工智能领域研究的最终目标。一般认为强人工智能具有思考、计划、学习和交流等能力,因此强人工智能也一直是科幻作品的热门话题。

(3) 超人工智能,尼克·博斯特罗姆(Nick Bostrom,哲学家、牛津大学人类未来研究院院长)定义超人工智能"在所有领域几乎都远超于人类认知表现的任何智力",即有可能开发出与人类智能功能完全一样,甚至局部超越人类智能的计算机系统。

1.1.2 人工智能的三大学派

目前所讨论的人工智能大都处于弱人工智能阶段,要达到超人工智能的目标仍有很长的路要走。虽然人工智能已经取得了长足发展,但由于对人类智能机理依然知之甚少,还没有一个通用的理论来指导如何构建人工智能系统。不同的学者对人工智能产生了不同的理解,并逐渐形成了三大主要学派:

(1) 符号主义(symbolism),又称逻辑主义、心理学派或计算机学派,是通过分析人类智能的功能,然后通过计算机实现人工智能。符号主义旨在用数学和物理中的逻辑符号来模拟人的认知过程,如专家系统、知识工程等。符号主义曾长期一枝独秀,为人工智能的发展做出了重要贡献,目前仍然是人工智能的主流学派之一。

(2) 连接主义(connectionism),又称仿生学派或生理学派,认为人类的认知过程是由大量简单神经元构成的神经网络中的信息处理过程。因此连接主义受脑科学启发,并采用计算机模拟人类大脑中神经网络及其连接机制。人工神经网络、深度学习就是连接主义的典型代表性技术。

(3) 行为主义(actionism),又称进化主义或控制论学派,是基于"感知-行动"的行为智能模拟方法。行为主义源于控制论,该学派在 20 世纪末才以人工智能新学派的面孔出现,其代表作首推布鲁克斯(Brooks)的六足行走机器人。

符号主义有一个优点——可解释性。连接主义则是一个"黑盒子"结构,可解释性不足。深度学习的基础结构——人工神经网络就是一种连接主义模型。随着人工神经网络、深度学习的飞速发展,将人工智能的三个学派融合,形成可解释性强、效率高的人工智能模型逐渐得到越来越多学者的关注和研究。

1.2 机器学习

机器学习(machine learning,ML)是人工智能领域的一个重要分支,通俗地说,是指从有限的观测数据中归纳出具有一般性的规律,并将这些规律应用到未观测样本上的方法。

牛津大学科普|几分钟带你了解:什么是机器学习

1.2.1 机器学习的基本概念

机器学习的概念:对于某类任务 T 和性能度量 P,如果一个计算机程序在 T 上以 P 衡量的性能随着经验 E 而自我完善,那么称这个计算机程序从经验 E 中学习。

(1) 任务 T。机器学习的学习过程本身不能算是任务,而是获得完成任务的能力。例如,目标是使机器手臂能抓取物体,那么抓取是任务,但可以通过设计算法来指导机器手臂的抓取过程。机器学习可以解决很多类型的任务,例如分类、回归、机器翻译、异常检测、去噪、密度估计等。当然,还有很多其他类型的任务,此处仅列举常见的任务。

(2) 性能度量 P。性能度量 P 是评估机器学习算法能力的指标。通常性能度量 P 是针对特定的任务 T 而言的。例如在分类任务中,性能度量常采用准确率、错误率等指标。而在回归任务中,则常采用相对误差等指标。

(3) 经验 E。在机器学习中,经验必须表示成计算机可以处理的形式,即数据。机器学习中大部分学习算法都可以被理解为在整个数据集上获取经验。数据集是由很多样本组成的集合,用于训练机器学习算法。

总体而言,机器学习的概念围绕 T、P、E 展开。以手写字符集识别问题为例,其任务 T 为识别和分类图像中的手写文字,性能标准 P 为分类的正确率,训练经验 E 则为已知分类的手写文字数据库。

1.2.2 无监督学习、监督学习与强化学习

机器学习可以按照很多标准进行分类,其中按照训练样本提供的信息及反馈方式,可以将其分为以下几类:

1. 无监督学习

无监督学习是指从不包含目标标签的训练样本中自动学习到有价值信息的过

程,无监督学习通常随机观察其中几组样本,并试图以显式或隐式的方式学习出其中有用的结构性质。以 Iris(鸢尾花卉)数据集为例,该数据集是 150 种鸢尾花卉植物不同部分测量结果的集合。每种植物对应一个样本,每个样本包含了该植物不同部分的测量结果,主要包含了萼片长度、萼片宽度、花瓣长度和花瓣宽度。这个数据集也记录了每个植物属于什么品种,其品种类别有 3 类。仅仅采用 Iris 样本的 4 个测量数据,采用聚类分析以挖掘其结果特征便属于无监督学习。

2. 监督学习

如果机器学习的目标是建模样本的特征 x 与其标签 y 之间的关系,并且训练集中的每个样本均有标签,那么称之为监督学习。例如,Iris 数据集注明了鸢尾花卉样本属于什么品种,如果学习如何根据其测量结果将样本划分为 3 个品种,则属于监督学习。很多经典的机器学习算法,如人工神经网络(artificial neural network,ANN)、支持向量机(support vector machine,SVM)等都是监督学习中的常用算法。根据标签类型的不同,监督学习又可分为回归和分类等两类。

3. 强化学习

强化学习是一类通过智能体与环境交互来学习的机器学习算法。在强化学习中,智能体根据环境状态选择一个动作,并得到延时或即时的奖励。智能体通过不断交互学习,以获得最大化的累计奖励。因此,强化学习不要求预先显式地以"输入/输出"方式给定训练集,其可以使智能体通过接收环境对动作的奖励,实现在线的学习。

此外,由于监督学习需要大量的带标签的数据集,而这些数据集一般都需要人工对其进行标注,成本很高。因此,出现了很多弱监督学习、半监督学习方法,希望从少量带标签数据和大量无标签数据中充分挖掘有价值的信息,以降低对标注样本数量的要求。

1.2.3 浅层机器学习

机器学习主要关注于如何学习一个预测模型,一般需要将数据表示为一组特征,特征的表示形式可以是连续数值、离散符号或其他形式。机器学习以这些特征为输入并输出预测结果。在采用机器学习解决实际任务时,一般包括以下几个步骤,如图 1-2 所示。

图 1-2 机器学习的数据处理流程

(1)数据预处理:实现对数据的预处理,包括缺失值处理、异常值处理、去除噪声等。

（2）特征提取：表示从原始数据中提取一些有效的特征，比如在图像分类中，提取边缘、尺度不变特征等。

（3）特征转换：对特征进行加工和转换，如降维。降维包括特征抽取和特征选择两种途径，如主成分分析、线性判别分析等。该步骤将特征变换到另外一个形式，以方便后续预测模型处理。

（4）预测模型：机器学习的核心部分，学习一个函数映射实现对未知样本的预测。

上述流程中，每步的特征处理和预测一般都是分开处理的。传统的机器学习模型主要集中在预测阶段，并以构建性能良好的预测模型为主要任务。但在实际操作中，前三步的特征处理和构造对最终机器学习模型的准确性有着至关重要的影响。而且，特征的处理一般都需要人工干预完成，并且高度依赖于人工经验。由于构造并选择好的特征对机器学习系统的性能十分关键，很多机器学习任务都在集中处理特征工程（feature engineering）问题上。在大量实际应用领域，特征工程占了机器学习系统开发的主要时间和工作量。

1.3 深度学习

科普中国·
科学百科：
深度学习

深度学习（deep learning，DL）是近年来飞速发展的新领域，是机器学习的一个特定分支。为提高机器学习系统的准确率，将输入数据信息转换为有效的特征是至关重要的一步。其中，特征的一般性描述被称为表示。如果某种算法具备自动学习特征的能力，那么称这种学习方式为表示学习。深度学习是表示学习的经典代表方法。

深度学习是将原始数据通过多步的特征转换得到一种特征表示的方法，其"深度"指的是对原始数据进行非线性特征转换的次数，如用于特征提取的多层网络结构。深度学习为了学习一种好的表示，可通过构建具有一定"深度"的模型，进而自动学习到好的特征表示（从底层特征，到中层特征，再到高层特征），最终提高整个机器学习系统的准确性和效率，如图 1-3 所示。

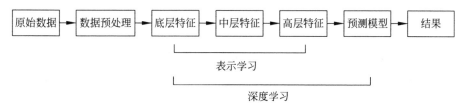

图 1-3　深度学习的数据处理流程

1.3.1 深度学习的发展历程

具体来说，人工智能、机器学习和深度学习是具有包含关系的几个领域，如

图1-4所示。人工智能涵盖的内容非常广,机器学习是20世纪末发展起来的一类重要人工智能技术,而深度学习则是机器学习的一个分支,比传统机器学习方法具有更强大的能力和灵活性。深度学习所具有的表示学习能力,解决了传统机器学习方法面临的难题,极大地扩展了人工智能的应用领域。

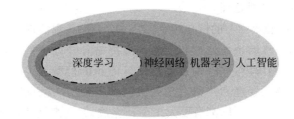

图1-4 深度学习与人工神经网络、机器学习和人工智能的关系

深度学习的概念是由著名学者杰弗里·辛顿(Geoffrey Hinton,"神经网络之父""深度学习鼻祖",图灵奖得主)等学者于2006年提出的。但是,对深度学习的研究起源于20世纪50年代对人工神经网络的研究。纵观整个人工神经网络的发展,其发展是跌宕起伏的,经历了"三起两落"。

起点:1943年,McCulloch 和 Pitts 发表 *A Logical Calculus if Ideas Immanent in Nervous Activity*,这是神经网络开山之作。该文提出了神经元计算模型,由计算机使用该模型模拟人的神经元反应的过程。

第一起:1958年,Rosenblatt 提出感知器(perceptron),并提出一种接近于人类学习过程的学习算法。

第一落:1969年,Marvin Minsky 出版《感知机(*Perceptrons*)》一书,总结了感知机的两大问题:即无法处理异或问题和计算能力不足。在往后十多年里人工神经网络研究一直没有太大进展。

第二起:1986年,Hinton 等发明了适用于多层感知器(multi-layer perceptron, MLP)的反向传播算法(backpropagation, BP),并采用 Sigmoid 进行非线性映射,从而有效地解决了非线性分类和学习的问题,由此掀起了人工神经网络发展的第二次热潮。BP算法是人工神经网络中极为重要的学习算法,至今仍在人工神经网络研究中占有重要地位。

第二落:BP算法被指出存在"梯度消失"和"梯度爆炸"问题。1995—2006年计算机性能仍然无法支持大规模的神经网络训练,因此导致了SVM和线性分类器等方法反而更流行。

第三起:2006年,Hinton 等提出深度学习这一概念,并给出了解决"梯度消失/梯度爆炸"问题的方案,即首先通过无监督学习逐层预训练模型,再使用有监督学习对模型进行调优。自此人工神经网络迎来第三次高潮。

得益于大数据的兴起、计算能力的提升等推动作用,深度学习通过学习样本数据的内在规律和表示层次,在语音和图像识别等领域取得的效果远超先前相关技术,取得了巨大的成功,并已经向其他领域扩展。

1.3.2 深度学习的应用

目前,深度学习在计算机视觉、语音识别、自然语言处理等领域得到了广泛的应用,且取得了超越人类水平的效果。不仅如此,在智能制造领域中,深度学习也得到了大量的应用,并向制造领域全生命周期中的各个环节渗透。随着智能制造的发展,工业大数据以前所未有的速度发展,工业场景数据采集的广度和深度都得到了前所未有的提高,这一变革给智能制造带来了新的机遇。本节通过几个不同应用领域的案例来说明深度学习的典型应用场景。

1. 计算机视觉

基于 AlexNet 和 MobileNet 的手写数字识别案例

计算机视觉是指利用摄像机或者计算机代替人眼对目标进行识别、跟踪和测量,以期从图像、视频等信息中建立人工智能系统的领域。计算机视觉得到了学者长期、广泛的关注,也是深度学习最早取得突破性进展的领域。在计算机视觉的各个子任务领域,包括图像分类、目标检测、图像语义分割、场景文字识别、图像生成、人体关键点检测、视频分类、度量学习等,深度学习都得到了广泛应用,并极大地推动了相关领域的发展。如在人脸识别领域,支付宝刷脸支付已成常态,如图1-5(a)所示。在新冠肺炎疫情期间,基于人脸识别的门禁系统通过刷脸出入得到了大量的推广应用,如图1-5(b)所示。

(a) 支付宝刷脸支付　　(b) 人脸识别门禁系统

图 1-5　计算机视觉应用

2. 语音识别

自 2009 年被引入语音识别领域以来,深度学习取得了巨大进展。2015 年,百度研究院开发的深度学习系统在中英文语言识别上的正确率超过了人类。在中文语音测试中,人类组的错误率是 4.0%,而深度学习仅为 3.7%。随后,谷歌、苹果、微软、百度、腾讯等国内外大型 IT 公司提供了大量的语音相关产品和服务。例如腾讯公司的微信提供了语音转文字功能,如图1-6(a)所示;科大讯飞提供了语音输入法,除普通话外,还支持超过 23 种地方方言、3 种民族语言等,如图1-6(b)所示。

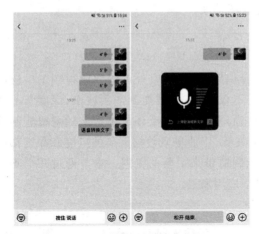

(a) 微信的语音转文字功能　　　　　　(b) 科大讯飞语音输入法

图 1-6　语音识别应用

3. 自然语言处理

自然语言处理（natural language processing，NLP）是指用计算机对自然语言的形、音、义等信息进行处理，即对字、词、句、篇章等进行输入、输出、识别、分析、理解和生成等操作和加工。NLP 的研究实现了人与计算机之间用自然语言进行有效通信的各种理论和方法，其应用包括机器翻译、舆情监测、自动摘要、观点提取、文本分类、问题回答、文本语义对比、中文光学字符识别等方面，例如百度云和阿里云均提供了大量 NLP 方面的应用。

4. 智能故障预测

智能故障预测是将人工智能技术应用到故障诊断中，根据所采集到的各类型、多模态的数据，建立相应的故障预测模型，以推断系统或部件的故障原因，进而预测故障发生的概率。随着工业大数据的发展，深度学习为智能故障预测提供了新的思路和途径。深度学习以其强大的数据特征自动表示能力，实现了对设备运行历史数据的自动分析，进而可以提高故障检测与诊断的精度与效率，其应用领域也覆盖了从零部件（如轴承、变速箱、往复式压缩机等）到各类复杂装备（如风力发电机、航空航天设备等）。图 1-7 为德国帕德博恩（Paderborn）大学 KAT 数据中心的故障数据采集装置，用于获取不同轴承故障类型的实验数据。

图 1-7　德国帕德博恩大学 KAT 数据中心的故障数据采集装置

5. 工业图像检测

工业图像检测,是指利用机器视觉对工业生产线中产生的图像进行处理与分析,以替代人工检测。工业图像检测不仅提高了生产线的自动化程度,也让在不适合人工作业的危险环境中实现产品的检测作业成为可能,同时也让大批量、持续检测变成了现实,大大地提高了检测效率与效果,提升了生产效率。工业图像检测的应用场景十分广泛,如表面缺陷检测、物体分拣、视觉测量等,图 1-8 为天池铝型材表面缺陷数据集和北京大学发布的印刷电路板(PCB)瑕疵数据集。

(a) 天池铝型材表面缺陷数据集　　(b) 印刷电路板瑕疵数据集

图 1-8　工业图像检测应用

当然,深度学习的应用领域还远远不止以上这些,限于篇幅,不再列举。

1.4　习题

1. 简述人工智能的三大主义或三大流派。
2. 简述人工智能、机器学习、深度学习之间的关系。
3. 列举出 1~2 项日常生活中应用人工智能的实例,并给出相应的描述。

第2章

深度学习基础

本章主要介绍深度学习的基础内容。首先,介绍回归和分类、人工神经网络的基本概念。然后,介绍深度学习的基本要素,包括激活函数、损失函数、批量、正则化等。最后,介绍模型的评估与验证方法。

什么是线性回归?

2.1 回归和分类

在机器学习中,回归和分类是最常见的两类学习任务。回归任务的输出值类型是实数值,而分类任务的输出值类型为离散的类别值。虽然两者的输出值类型不同,但是它们的学习本质是一样的。

2.1.1 回归模型

回归是指根据自变量 x 来预测因变量 y。线性回归是最常见的回归方式,其模型可以用式(2-1)来描述。线性回归首先确定 x 到 y 的函数关系式,然后通过优化系数 a 和 b,建立相应的回归模型。最后针对其他 x 准确地预测出对应的 y 值。

$$y = a + bx \tag{2-1}$$

在上式中,a 表示回归模型在 y 轴上的截距;b 是回归系数。当存在多个自变量时,该模型可以扩展为多元线性回归的形式,如式(2-2)所示:

$$y = a + b_0 x_0 + b_1 x_1 + \cdots + b_n x_n \tag{2-2}$$

2.1.2 分类模型

与回归模型相比,分类模型的输出是离散值,该离散值表示输入数据的类别。二元分类是最基本的分类形式,它的输出类别有两个,分别定义为 0 和 1。二元分类模型的输出也可以是 0~1.0 之间的浮点数,以便处理没有绝对确定性的分类问题。但针对这种情形,需要确定一个阈值(通常为 0.5)以实现对两个类别的划分。二元分类的常见应用场景包括:

- 区分某人是否患有某种疾病;

- 区分电子邮件是否为垃圾邮件;
- 区分交易是否为欺诈或虚假交易。

多元分类是对二元分类的推广,其模型通常会对属于每个类别的概率进行预测,选出概率最高的类别作为其最终预测结果。

1. 逻辑回归

逻辑回归(Logistics 回归)是一种广义的线性模型,其模型将属于某个类别的概率作为因变量,输出 $f(x)$ 表示该自变量 x 对应的因变量 y 为 1(即 y 为真)的概率。逻辑函数定义如下:

逻辑回归

$$f(x) = \frac{1}{1+e^{-\theta x}} \tag{2-3}$$

如式(2-3)所示,逻辑函数即为 Sigmoid 函数,其函数图像如图 2-1 所示。该函数的特点为针对变化范围为 $(-\infty, +\infty)$ 的自变量 x,其输出 $f(x)$ 的范围始终在 $(0,1)$ 区间,以用于实现对属于某类别概率的预测。

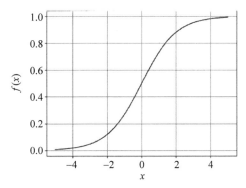

图 2-1 逻辑函数图像

2. Softmax 分类

Softmax 分类是逻辑回归在多元分类上的泛化形式。在深度学习中,输出层常采用 Softmax 函数实现多元分类任务。Softmax 函数的输出为多元向量,该多元向量为属于某一类别的概率值。因此,Softmax 函数输出值的范围为 $(0,1)$,且所有输出值之和为 1。Softmax 函数如式(2-4)所示。

Softmax 回归

$$y_k = \frac{\exp(a_k)}{\sum_{i=1}^{n} \exp(a_i)} \tag{2-4}$$

式(2-4)中,$\exp(x)$ 表示指数函数 e^x。假设该多元分类共有 n 个类别,则 Softmax 的输出也为 n 个。其中第 k 个类别的输出为 y_k,输入为 a_k。则 Softmax 函数分子为 a_k 的指数,分母为所有输入的指数之和。

2.2 人工神经网络

人工神经网络(artificial neural network,ANN)是最常见的机器学习方法之一。ANN 借鉴了神经生理学关于人脑中神经结构的研究,采用数学建模的方式来描述机器智能,取得了良好的效果。

2.2.1 M-P 神经元模型

最常用的 ANN 模型源于 1943 年由心理学家 W. S. McCulloch 和数理逻辑学家 W. H. Pitts 提出的 McCulloch-Pitts 神经元模型(简称 M-P 神经元模型),其结构如图 2-2 所示,该模型针对单个神经元进行数学建模,具有如下三个功能:

(1) 接收 n 个 M-P 神经元传递过来的信号($n \in \mathbf{Z}_+$);
(2) 信号的传递过程中为信号分配权重;
(3) 将得到的信号进行求和、变换并输出。

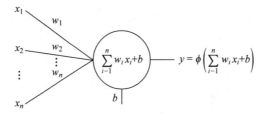

图 2-2 M-P 神经元模型示意图

假设 $x_1, x_2, \cdots, x_n$ 为前 n 个 M-P 神经元的输出信号(也是该 M-P 神经元的输入信号);$w_1, w_2, \cdots, w_n$ 为 n 个信号对应的权值;ϕ 为变换函数,通常称为激活函数;y 为输出;b 为偏置量。则 M-P 神经元的计算过程如式(2-5)所示。

$$y = \phi\left(\sum_{i=1}^{n} w_i x_i + b\right) \tag{2-5}$$

2.2.2 多层感知机

多层感知机(multi-layer perceptron,MLP)是由多层结构神经网络堆叠而成的网络模型,其结构一般包括输入层、中间层(或称为隐含层)和输出层,如图 2-3 所示。输入层、中间层和输出层均由若干 M-P 神经元组成。MLP 具有以下特点:

(1) $\boldsymbol{x} = (x_1, x_2, \cdots, x_n)$ 为输入,分别连接输入层上的神经元;
(2) 神经元的运算过程如式(2-5)所示;
(3) 输出 $\boldsymbol{y} = (y_1, y_2)$ 表示在当前输入的情况下,经过中间层后得到的预测结果。

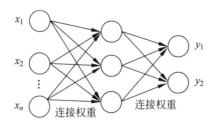

图 2-3 多层感知机结构

在图 2-3 中 MLP 的输出 y 需由输入 x 经一层一层神经元处理和变换,逐层向前传递,在各层神经元形成有向连接图,因此,MLP 也属于前馈神经网络。

2.3 激活函数

激活函数是 ANN 中非线性变换的重要函数。如果不用激活函数,或者选择线性激活函数,则 ANN 的每一层输出可以简化为上一层输出的线性变换,导致整个网络的输出也为输入的线性变换,无法表达复杂的非线性信息。因此,激活函数通常为非线性函数。在 ANN 中,Sigmoid 函数或者 Tanh 函数是较常用的两种激活函数。但在深度学习中,激活函数常为 ReLU 函数等。

1. Sigmoid 函数

$$\phi(x) = \frac{1}{1+e^{-x}} \quad (2\text{-}6)$$

Sigmoid 函数的函数图像见图 2-1。该函数的输出范围为 $(0,1)$,因此,数据在网络传递过程中不易发散,且该函数导数是非 0 值,有利于反向传播算法优化。但是,该函数在两端的图像过于平坦,其梯度信息易消失,因此存在"梯度消失"的问题。

2. 双曲正切函数(Tanh)

$$\phi(x) = \frac{1-e^{-2x}}{1+e^{-2x}} \quad (2\text{-}7)$$

双曲正切函数的输出值为 $(-1,1)$。相比 Sigmoid 函数,其输出的值域关于原点对称,其函数图像如图 2-4 所示。该函数值域的两端也较平坦,因此和 Sigmoid 函数一样,存在"梯度消失"的问题。

3. 线性整流函数(rectified linear unit,ReLU)

$$\phi(x) = \max\{0, x\} \quad (2\text{-}8)$$

ReLU 函数是深度学习中常用的激活函数,其函数图像如图 2-5 所示。该函数在大于 0 的区间为线性函数，因这一线性特点，使其具有比 Sigmoid、Tanh 函数更好的收敛速度，且可以有效缓解"梯度消失"的现象。

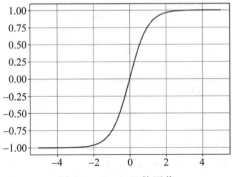

图 2-4　Tanh 函数图像

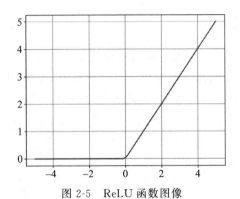

图 2-5　ReLU 函数图像

4. ELU 函数（exponential linear unit，ELU）

$$\phi(\alpha,x)=\begin{cases}\alpha(\mathrm{e}^x-1),&x<0\\x,&x\geqslant 0\end{cases} \tag{2-9}$$

ELU 函数是对 ReLU 函数的改进，函数图像如图 2-6 所示，相比于 ReLU 函数，其在输入为负数时有一定的输出，而且输出还具有一定的抗干扰能力。

5. Softplus 函数

$$\phi(x)=\ln(1+\mathrm{e}^x) \tag{2-10}$$

Softplus 中加 1 是为了保证非负性，其函数图像如图 2-7 所示。该函数可看作 ReLU 的平滑版本，其导数是 Logistics 函数。

6. 恒同映射（Identity）

$$\phi(x)=x \tag{2-11}$$

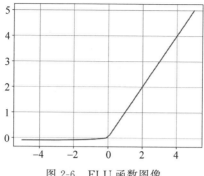

图 2-6　ELU 函数图像

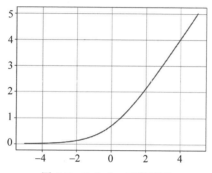

图 2-7　Softplus 函数图像

Identity 函数的输入等于输出，它适合于潜在线性任务。当存在非线性时，单独使用 Identity 激活函数是不够的，但它依然可以在最终输出节点上作为激活函数用于回归任务。

2.4　损失函数

神经网络中的损失函数

损失函数是反映机器学习模型对数据拟合程度的指标，它量化了训练后得到的机器学习模型的预测值与实际值的接近程度。预测值与实际值越接近，表明该机器学习模型的训练效果越好，对应的损失函数结果就越小。反之，损失函数的结果就越大。在 ANN 中，由于大量采用 BP 算法（back propagation，反向传播算法）训练，而 BP 算法正是使用损失函数的梯度来更新 ANN 网络结构中的参数，以最小化损失函数。因此，损失函数将 ANN 的训练问题转化为优化问题，即通过损失函数的梯度下降优化实现对 ANN 网络的训练。

对机器学习任务定义合适的损失函数是必要的。假设样本为 (x,y)，样本数量为 n。ANN 模型为 f，其输出为预测值 $y'=f(x)$。如为分类问题，则假定有 K 类，类别采用 $\{c_1,c_2,\cdots,c_K\}$ 表示。真值 y 采用独热编码（One-Hot Encoding），即若

$y \in c_K$,那么 y 的第 k 个元素为 1,其余元素均为 0。如为回归问题,则 y 为实数值。

1. 均方差损失函数

在回归问题中,均方差损失函数使用最为普遍。均方差损失函数如式(2-12)所示。

$$L(y, y') = \frac{1}{2}\sum(y - y')^2 \tag{2-12}$$

2. 交叉熵损失函数

交叉熵损失函数在多元分类问题上被广泛使用,其损失函数如式(2-13)所示。交叉熵损失函数和 Softmax 分类器一起使用,因此 $y' = (v_1, v_2, \cdots, v_K)^T$,且满足 $y' \in \{0,1\}^K$ 为概率向量,$\sum_{k=1}^{K} v_K = 1$。

$$L(y, y') = -\sum_{i=1}^{K}[y_i \ln y'_i + (1 - y_i)\ln(1 - y'_i)] \tag{2-13}$$

3. log-likelihood 损失函数

log-likelihood 损失函数表示机器学习模型在真值 **y** 对应的类上预测概率 c_K 的负对数,如式(2-14)所示。与交叉熵损失函数一样,在该损失函数中,y' 也为概率向量。

$$L(y, y') = -\ln v_K \tag{2-14}$$

2.5 批量

在对机器学习模型进行训练时,如果全套的样本数量非常大,将导致训练过程需要耗费大量的计算资源(如 CPU、内存空间、磁盘空间、磁盘 I/O、网络 I/O 等)。因此,机器学习模型经常将全部样本分为多组批量(batch),对各批样本逐次训练以提高效率。按照批量的大小,批量可以分为:

(1) 全部样本作为一个批量,计算损失函数后,采用 BP 算法计算 ANN 模型各参数的梯度。该方法计算开销大,速度慢。

(2) 设置批量为单个样本,对每个样本逐次计算损失函数,求解梯度后更新 ANN 模型各参数。该方法速度快,但是具有很大随机性,导致收敛性能受到影响,容易在最优点附近振荡。

(3) 为了融合上述两种方法的优点,一般采取折中手段,即 mini-batch,该方法把全部样本分为若干批,按批来更新机器学习模型的参数,这样既减少了随机性,又减少了计算量。mini-batch 一般设置为 16、32、64、128、256 和 512 等。

2.6 正则化

泛化能力是衡量机器学习模型的关键指标之一。由于 ANN 的拟合能力非常强,其在训练集上的错误率可以降低到很低,但在测试集上的误差却没有明显改进,此种现象即为过拟合。正则化是一类通过限制 ANN 模型复杂度,从而避免过拟合、提高模型泛化能力的方法。

l_1 和 l_2 正则化是 ANN 中最常用的正则化方法,其主要通过约束参数的 l_1 和 l_2 范数来减小 ANN 模型在训练数据集上的过拟合现象。增加 l_1 和 l_2 正则化的 ANN 模型损失函数如式(2-15)所示。l_p 为范数函数,p 的取值通常为 $\{1,2\}$,分别代表 l_1 和 l_2。λ 为正则化系数。

$$w^* = \mathop{\arg\min}_{w} \frac{1}{N} \sum_{n=1}^{N} L(y, y') + \lambda l_p(w) \tag{2-15}$$

权重衰减也是一种有效的正则化手段,其在每次参数更新时,引入一个衰减系数,如公式(2-16)所示。其中 α 为学习率,g_t 为第 t 时刻的梯度。ω 为权重衰减系数,一般取值很小,如 0.000 5。

$$w_t \leftarrow (1-\omega) w_{t-1} - \alpha g_t \tag{2-16}$$

在深度学习中,还有提前停止、数据增强、标签平滑等正则化方法。

2.7 模型评估与验证

为了衡量机器学习模型的好坏,确保得到最佳的机器学习模型,需要对模型的性能进行评估与验证。

1. 分类评价

对于分类问题,常见的评价指标有准确率、错误率、查准率、查全率(召回率)和 F 值等。

(1) 准确率:准确率为最常用的评价指标,如公式(2-17)所示。$I(x)$ 为指示函数。若 x 为真,则 $I(x)$ 取 1,否则为 0。

$$\mathrm{acc} = \frac{1}{N} \sum_{i=1}^{N} I(y_i = y'_i) \tag{2-17}$$

(2) 错误率:与准确率相对应的就是错误率。如公式(2-18)所示。

$$\varepsilon = 1 - \mathrm{acc} = \frac{1}{N} \sum_{i=1}^{N} I(y_i \neq y'_i) \tag{2-18}$$

准确率和错误率是对所有类别整体性能的平均,如果希望对每个类别进行性能评估,则需要计算查准率和查全率。例如约定对于类别 c,模型在测试集上的结果可以分为以下 4 种情况:

① 真正例（true positive，TP）：模型正确地预测为类别 c 类。
② 假负例（false negative，FN）：模型错误地预测为其他类。
③ 假正例（false negative，FP）：模型将其他类错误地预测为 c 类。
④ 真负例（true negative，TN）：样本的真实类别为其他类，模型也预测为其他类，对于类别 c 而言，这种情况一般不予关注。

这 4 种关系可以采用表 2-1 描述。

表 2-1　类别为 c 预测结果的混淆矩阵

真实类别	预测类别	
	$y' = c$	$y' \neq c$
$y = c$	TP_c（真正例）	FN_c（假负例）
$y \neq c$	FP_c（假正例）	TN_c（真负例）

（3）查准率（precision），也叫精确度或精度，类别 c 的查准率为所有预测类别为 c 的样本中，预测正确的比例，其如式（2-19）所示。

$$P_c = \frac{TP_c}{TP_c + FP_c} \tag{2-19}$$

（4）查全率（recall），也叫召回率，类别 c 的召回率为所有真实类别为 c 的样本中，预测正确的比例，其如式（2-20）所示。

$$R_c = \frac{TP_c}{TP_c + FN_c} \tag{2-20}$$

（5）F 值（F Measure）是一个综合指标，为查准率和查全率的调和平均

$$F_c = \frac{(1+\beta^2) P_c R_c}{\beta^2 P_c + R_c} \tag{2-21}$$

2. 性能评价

深度理解留出法和 K 折交叉验证法

在模型性能评估中，通常采用独立的测试集对机器学习模型的性能进行评估。留出法和交叉验证法是比较常用的度量机器学习模型性能的方法。

（1）留出法（hold-out）：留出法将数据划分为三个互不重复的部分，形成训练集、验证集和测试集（也可以划分为两部分，此时训练集也是验证集）。然后，机器学习模型在训练集上训练，在验证集上选择最优模型及其参数，在测试集上计算评估指标作为对模型泛化误差的估计。留出法在使用时需要尽可能保持数据分布的一致性。在使用留出法时，通常采用多次随机划分，并取平均值作为留出法的评估结果。

（2）交叉验证法（cross validation）：交叉验证法是比较流行的一种模型检验策略，其主要思想是使用不同的方法划分数据集，每次使用训练集训练模型，使用测试集评估模型的性能。K 折交叉验证法是常用的交叉验证方法，其将数据随机划分为 K 个互不相交且大小相同的子集，利用 $K-1$ 个子集数据训练模型，余下的一个子集作为验证集。对 K 种组合依次重复进行验证，采用在各自验证集上错

误率的均值作为评价指标。目前并没有严密的理论推导确定 K 值,一般选取 3、5、10、20 等数值。K 折交叉验证法也可以重复多次。如运行 p 次,称为 p 次 K 折交叉验证。

2.8　习题

1. 简述分类和回归的区别。
2. 列举 3 种不同的激活函数,计算其入值范围,绘制函数图像。
3. 简述 K 折交叉验证法的计算步骤。

第3章

常用深度学习框架

随着深度学习的广泛应用,出现了大量深度学习的框架,以方便使用者创建深度学习模型。本章针对其中广泛使用的 TensorFlow、Keras 和 PyTorch 三种框架,介绍其基本概念和使用方法,并结合实例说明其用法。

TensorFlow
框架——
TF 数据
流图

3.1 TensorFlow

TensorFlow 是由 Google Brain 团队为深度学习开发的功能强大的开源软件库,其可以将深度学习模型部署到任意数量的 CPU 或 GPU 服务器上。TensorFlow 支持所有流行的编程语言,提供如 Python、C++、Java 等语言的接口,允许将深度学习模型部署到科研环境和生产环境中(TensorFlow 中文官网:https://tensorflow.google.cn/)。

1. TensorFlow 的特性

TensorFlow 具有灵活性高、可移植性强、支持多种编程语言的特点,这使得采用该框架创建深度学习模型变得更加简单快捷,从而缩短了深度学习模型与算法的开发时间。目前,TensorFlow 得到了非常好的社区支持,拥有大量的开源项目支持,从而方便使用者学习和借鉴。TensorFlow 与其他编程语言不同,其通过定义计算图和执行计算图来创建和执行深度学习模型。

(1) 计算图的定义:计算图是包含节点和边的网络,其中的节点被称为 OP (Operation 对象),每个 OP 可以接受零个或多少输入 Tensor(张量),执行变换计算后输出 Tensor,边表示运算操作之间流动的 Tensor。计算图定义深度学习的执行流程和蓝图,但是其中的 Tensor 还没有具体数值。

(2) 计算图的执行:计算图的执行需要使用会话对象(Session)来实现。会话对象封装了操作和评估 Tensor 的环境,不同 Tensor 的值仅在会话对象中被初始化、访问和保存。在计算图中仅仅定了 Tensor 的执行逻辑。

TensorFlow 是一套定义 Tensor 和对 Tensor 执行各种数学运算的库。Tensor 可以理解为一个 n 维矩阵。所有类型的数据,包括标量、矢量和矩阵都是特殊类型的 Tensor。TensorFlow 支持常量、变量、占位符三种 Tensor 类型。常量是其值不能改变的Tensor;变量是在会话中值可以更新的Tensor,如神经网络的权重;占位符用于将值输入到计算图中,其和Feed操作一起使用来为会话输入数据。除此之外,还可以通过Fetch操作取回Tensor的数值。

如图3-1所示,其中m为常量,x为占位符,state为变量,均为Tensor。其构造的计算图如图3-1右边所示。在该图中,mul、update、init_op等均为OP。sess为会话,在sess中首先执行init_op初始化图中的所有变量。图中的mul等操作并不会真正执行,只有在sess对象的run函数调用时才会执行该操作。为了Fetch(取回)执行后的数值,可以执行如第24行所示代码,一次取回多个Tensor的数值。feed_dict为Feed操作,将3.0值feed给占位符x。程序运行后,mul_result为[3.6.9.],state_result为2.0。

图 3-1　TensorFlow 计算图示例

2. TensorFlow 的实例

本节使用TensorFlow搭建用于MNIST数据集的卷积神经网络(CNN)网络。MNIST数据集是著名的手写数字数据集,来自美国国家标准与技术研究所,训练集由来自250个不同人手写的数字构成,其测试集也是手写数字。MNIST包含的灰度数字图像为28×28像素,所有数字图像包含数字0~9,因此MNIST数据集也为10个类别,部分数字图像如图3-2所示。

TensorFlow 入门课程

图 3-2　MNIST 数字图像样本

(1) 导入TensorFlow库。MNIST数据集已在TensorFlow库中集成,可直接调用,如图3-3的第3、4行所示。

```
1  import tensorflow as tf
2
3  from tensorflow.examples.tutorials.mnist import input_data
4  mnist = input_data.read_data_sets('MNIST_data', one_hot=True)
```

图 3-3　导入 TensorFlow 库

MNIST 数据集下载

(2) 卷积层和池化层函数。如图 3-4 所示,第 6 行定义了卷积核参数;第 9 行定义了卷积核偏置参数;第 13、15 行分别重定义了卷积层操作和池化层操作。

```
6   def weight_variable(shape):
7       initial = tf.truncated_normal(shape, stddev=0.1)
8       return tf.Variable(initial)
9   def bias_variable(shape):
10      initial = tf.constant(0.1, shape=shape)
11      return tf.Variable(initial)
12
13  def conv2d(x, W):
14      return tf.nn.conv2d(x, W, strides=[1, 1, 1, 1], padding='SAME')
15  def max_pool_2x2(x):
16      return tf.nn.max_pool(x, ksize=[1, 2, 2, 1],
17                            strides=[1, 2, 2, 1], padding='SAME')
```

图 3-4　定义卷积层和池化层

(3) 构建 CNN 网络。如图 3-5 所示,第 19 行首先定义了交互性会话 sess;第 20、21 行分别将 MNIST 数据集的样本和标签定义为占位符;第 25～27 行定义了第一个卷积层操作;第 29 行定了以第一个池化层操作;同理,第 31～33 行和第 35 行分别定义了第二个卷积层和池化层;第 36 行为 h_pool2 的张量形状变换;第

```
19  sess = tf.InteractiveSession()
20
21  x = tf.placeholder("float", shape=[None, 784])
22  y_ = tf.placeholder("float", shape=[None, 10])
23  x_image = tf.reshape(x, [-1,28,28,1])
24
25  W_conv1 = weight_variable([5, 5, 1, 32])
26  b_conv1 = bias_variable([32])
27  h_conv1 = tf.nn.relu(conv2d(x_image, W_conv1) + b_conv1)
28
29  h_pool1 = max_pool_2x2(h_conv1)
30
31  W_conv2 = weight_variable([5, 5, 32, 64])
32  b_conv2 = bias_variable([64])
33  h_conv2 = tf.nn.relu(conv2d(h_pool1, W_conv2) + b_conv2)
34
35  h_pool2 = max_pool_2x2(h_conv2)
36  h_pool2_flat = tf.reshape(h_pool2, [-1, 7*7*64])
37
38  W_fc1 = weight_variable([7 * 7 * 64, 1024])
39  b_fc1 = bias_variable([1024])
40  h_fc1 = tf.nn.relu(tf.matmul(h_pool2_flat, W_fc1) + b_fc1)
41
42  keep_prob = tf.placeholder("float")
43  h_fc1_drop = tf.nn.dropout(h_fc1, keep_prob)
44
45  W_fc2 = weight_variable([1024, 10])
46  b_fc2 = bias_variable([10])
47  y_conv=tf.nn.softmax(tf.matmul(h_fc1_drop, W_fc2) + b_fc2)
48
49  cross_entropy = -tf.reduce_sum(y_*tf.log(y_conv))
50  correct_prediction = tf.equal(tf.argmax(y_conv,1), tf.argmax(y_,1))
51  accuracy = tf.reduce_mean(tf.cast(correct_prediction, "float"))
52
53  train_step = tf.train.AdamOptimizer(1e-4).minimize(cross_entropy)
54  sess.run(tf.global_variables_initializer())
```

图 3-5　构建 CNN 网络

38~40 行定义了第一个全连接层;第 42 行采用占位符定义 dropout 的概率;第 43 行定义了 dropout 层;第 45~47 行定义了第二个全连接层,并采用 Softmax 函数输出分类;第 49 行定义了交叉熵函数;第 50、51 行定义了准确率;第 53 行定义了优化函数;第 54 行为初始化。

(4)训练模型。如图 3-6 所示,第 56 行定义了训练步数为 5 000;第 57 行获取批量 batch 大小为 60 的样本;第 59~62 表示每 100 步输出一次结果;第 63 行为训练步骤,训练时 dropout 为 0.5;第 65 行为评测在 test 数据集上的最终预测结果。

```
56  for i in range(5000):
57      batch = mnist.train.next_batch(60)
58      # print(i)
59      if i%100 == 0:
60          train_accuracy = accuracy.eval(feed_dict={
61              x:batch[0], y_: batch[1], keep_prob: 1.0})
62          print("step %d, training accuracy %g"%(i, train_accuracy))
63      train_step.run(feed_dict={x: batch[0], y_: batch[1], keep_prob: 0.5})
64
65  print("test accuracy %g"%accuracy.eval(feed_dict={
66      x: mnist.test.images, y_: mnist.test.labels, keep_prob: 1.0}))
67
68  sess.close()
```

图 3-6　训练 CNN 模型

模型训练结果如图 3-7 所示。从结果上看,该模型经过 5 000 步的训练,该网络已经达到了 98.84% 的准确度。

```
step 4000, training accuracy 1
step 4100, training accuracy 1
step 4200, training accuracy 1
step 4300, training accuracy 0.983333
step 4400, training accuracy 1
step 4500, training accuracy 1
step 4600, training accuracy 0.983333
step 4700, training accuracy 0.983333
step 4800, training accuracy 0.983333
step 4900, training accuracy 1
test accuracy 0.9884
```

图 3-7　该 CNN 模型在 MNIST 上的训练过程与预测结果

3.2　Keras

Keras 是深度学习领域另一个常用框架。它以 TensorFlow、Theano、CNTK 作为后端引擎运行,提供直观而简洁的应用程序接口(application programming interface,API),即使是非专业人员也可以在各自领域轻松使用和开发基于 Keras 的深度学习模型,如多层感知机、卷积神经网络、循环神经网络以及各种复杂的网络模型(Keras 官网为 https://keras.io/)。

Keras 具有广阔的应用场景、良好的模块化设计、用户友好的接口规范等特点。它将大量重复的工作进行抽象并形成接口,使得用户只需采用少量代码完成接口部分即可实现深度学习模型的快速搭建,节约了模型构建的时间。Keras 支持 CPU 和 GPU 的无缝运行,支持多 GPU 并行计算。目前,Keras 的 API 已经被 TensorFlow 借鉴,形成了 TensorFlow 下的 Keras 模块,本节的案例正是使用该 Keras 模块编写。

本案例将采用 TensorFlow 下 Keras 模块搭建一个 CNN 模型,并将其应用在 Cifar10 数据集上。Cifar10 数据集是著名的图像分类数据集,其包含 10 个类别,每个类别有 6 000 张 32×32 像素的彩色图像,总数据量为 60 000 张图像。其中 50 000 张为训练集图像,另外 10 000 张为测试图像。Cifar10 数据集下载地址为 http://www.cs.toronto.edu/~kriz/cifar-10-python.tar.gz。Keras 已经将 Cifar10 的下载和使用进行了封装,只需要调用相关函数即可。本案例的操作如下:

(1) 导入相关库。如图 3-8 所示,本实例代码共导入了 TensorFlow 库和 tensorflow.keras 库下的 datasets(数据集)、layers(网络层)和 models(模型)的相关库,最后导入了绘图软件 matplotlib 中的绘图模块 pyplot,并将其命名为 plt。

```
1   #导入 TensorFlow
2   import tensorflow as tf
3   from tensorflow.keras import datasets, layers, models
4   import matplotlib.pyplot as plt
```

图 3-8　导入 Keras 相关库

(2) 准备数据集。下载并准备 Cifar10 数据集。tensorflow.keras 中 Cifar10 的相关接口在 datasets 类下,因此直接导入即可,如图 3-9 中的代码第 8 行所示。第 11 行代码为对其进行预处理;第 14~26 行为展示其中前 25 个样本,图像输出结果如图 3-10 所示。

```
7   #下载并准备 CIFAR10 数据集
8   (train_images, train_labels), (test_images, test_labels) = datasets.cifar10.load_data()
9
10  # 将像素的值标准化至0到1的区间内。
11  train_images, test_images = train_images / 255.0, test_images / 255.0
12
13  #验证数据
14  class_names = ['airplane', 'automobile', 'bird', 'cat', 'deer',
15                 'dog', 'frog', 'horse', 'ship', 'truck']
16  plt.figure(figsize=(10,10))
17  for i in range(25):
18      plt.subplot(5,5,i+1)
19      plt.xticks([])
20      plt.yticks([])
21      plt.grid(False)
22      plt.imshow(train_images[i], cmap=plt.cm.binary)
23      # 由于 CIFAR 的标签是 array,
24      # 因此您需要额外的索引(index)。
25      plt.xlabel(class_names[train_labels[i][0]])
26  plt.show()
```

图 3-9　导入 Cifar10 数据集

图 3-10　Cifar10 数据集中前 25 幅图像

(3) 构造 CNN 模型。在 tensorflow.keras 中,卷积层的构造函数为 Conv2D,池化层为 MaxPooling2D,全连接层为 Dense 函数。如图 3-11 所示,第 30 行定义了一个模型(model);第 31 行构建了第一个卷积层,其参数分别表示卷积层的深度 32、卷积核的大小 3×3、激活函数 ReLU。其中 input_shape 表明其输入的 tensor 维度为(32,32,3)。CNN 模型输入 Tensor 的形式为(image_height, image_width, color_channels),分别包含了图像高度、宽度及颜色信息。如果不熟悉图像处理,则建议颜色信息使用 RGB 色彩模式,此时 color_channels 为(R,G,B)分别

```
29  #构造卷积神经网络模型
30  model = models.Sequential()
31  model.add(layers.Conv2D(32, (3, 3), activation='relu', input_shape=(32, 32, 3)))
32  model.add(layers.MaxPooling2D((2, 2)))
33  model.add(layers.Conv2D(64, (3, 3), activation='relu'))
34  model.add(layers.MaxPooling2D((2, 2)))
35  model.add(layers.Conv2D(64, (3, 3), activation='relu'))
36
37  #增加 Dense 层
38  model.add(layers.Flatten())
39  model.add(layers.Dense(64, activation='relu'))
40  model.add(layers.Dense(10))
41
42  #查看完整的 CNN 结构:
43  model.summary()
```

图 3-11　构造 CNN 模型

对应 RGB 的三个颜色通道。由于 Cifar10 数据集是 32×32 的彩色图像，所以其数据维数正好为(32, 32, 3)。

第 32 行构建了一个最大池化层，池化层的参数为 2×2；第 33～35 行定义了交替的卷积层和池化层，其意义不再重复。

第 38 行调用 Flatten()函数将三维 Tensor 转换为一维，之后传入一个或者多个 Dense 层中。本例中第 39 行和第 40 行分别定义了两个 Dense 层。在最后的 Dense 层中，添加了 Softmax 激活函数，实现对 Cifar10 数据集中 10 个类别的预测输出。

第 43 行展示了该 CNN 模型各层的参数状况，其结果如图 3-12 所示。图中 Layer(type)分别表示层名称、层类型，Output Shape 表示数据 Tensor 在图中的维度变化，Param 表示参数量。由此可见，MaxPooling2D 会将数据 Tensor 的宽度和高度信息降低一半。而 Flatten 层将 4×4×64 的三维 Tensor 转化为 1024 的一维 Tensor。

```
Layer (type)                 Output Shape              Param #
=================================================================
conv2d (Conv2D)              (None, 32, 32, 32)        896
max_pooling2d (MaxPooling2D) (None, 16, 16, 32)        0
conv2d_1 (Conv2D)            (None, 16, 16, 64)        18496
max_pooling2d_1 (MaxPooling2 (None, 8, 8, 64)          0
conv2d_2 (Conv2D)            (None, 8, 8, 64)          36928
max_pooling2d_2 (MaxPooling2 (None, 4, 4, 64)          0
flatten (Flatten)            (None, 1024)              0
dense (Dense)                (None, 128)               131200
dense_1 (Dense)              (None, 10)                1290
=================================================================
Total params: 188,810
Trainable params: 188,810
Non-trainable params: 0
```

图 3-12　CNN 模型各层的参数状况

（4）编译并训练模型。在本例中，由于 Cifar10 数据集的 label 是数字编码，故采用 SparseCategoricalCrossentropy()函数。对于独热编码的情况，可以直接采用 CategoricalCrossentropy()函数。在本例中，训练的优化器选择 adam 优化器，训练中采用的度量指标为准确率(accuracy)。

模型的编译如图 3-13 的第 46 行所示，分别指定模型的优化器、损失函数和度量指标。第 50 行表示模型的训练，其中 train_images 和 train_labels 分别为训练集样本和训练集的 label。参数 epochs 指定了训练次数。此处并未指定批量，故默认为每批使用全部样本。参数 validation_data 表示验证集。该模型的训练结果如图 3-14 所示。从结果上看，经过 10 步的训练，该 CNN 模型的预测精度已经达到 74.50%。

```
45  #编译并训练模型
46  model.compile(optimizer='adam',
47                loss=tf.keras.losses.SparseCategoricalCrossentropy(from_logits=True),
48                metrics=['accuracy'])
49
50  history = model.fit(train_images, train_labels, epochs=10,
51                      validation_data=(test_images, test_labels))
```

图 3-13　编译并训练模型

```
Train on 50000 samples, validate on 10000 samples
Epoch 1/10
50000/50000 [==============================] - 6s 127us/sample - loss: 1.3912 - acc: 0.4975 - val_loss: 1.1021 - val_acc: 0.6064
Epoch 2/10
50000/50000 [==============================] - 5s 97us/sample - loss: 0.9787 - acc: 0.6545 - val_loss: 1.0115 - val_acc: 0.6513
Epoch 3/10
50000/50000 [==============================] - 5s 100us/sample - loss: 0.8279 - acc: 0.7112 - val_loss: 0.8663 - val_acc: 0.7010
Epoch 4/10
50000/50000 [==============================] - 5s 98us/sample - loss: 0.7292 - acc: 0.7437 - val_loss: 0.7948 - val_acc: 0.7228
Epoch 5/10
50000/50000 [==============================] - 5s 97us/sample - loss: 0.6485 - acc: 0.7730 - val_loss: 0.7947 - val_acc: 0.7269
Epoch 6/10
50000/50000 [==============================] - 5s 97us/sample - loss: 0.5843 - acc: 0.7946 - val_loss: 0.8033 - val_acc: 0.7249
Epoch 7/10
50000/50000 [==============================] - 5s 97us/sample - loss: 0.5201 - acc: 0.8160 - val_loss: 0.7844 - val_acc: 0.7391
Epoch 8/10
50000/50000 [==============================] - 5s 97us/sample - loss: 0.4621 - acc: 0.8359 - val_loss: 0.8553 - val_acc: 0.7275
Epoch 9/10
50000/50000 [==============================] - 5s 96us/sample - loss: 0.4078 - acc: 0.8551 - val_loss: 0.8204 - val_acc: 0.7448
Epoch 10/10
50000/50000 [==============================] - 5s 96us/sample - loss: 0.3673 - acc: 0.8699 - val_loss: 0.8572 - val_acc: 0.7450
```

图 3-14　CNN 模型在 Cifar10 数据集上的训练结果

3.3　PyTorch

Torch 是机器学习和科学计算工具框架，使用方便且提供了高效的算法实现。虽然 Torch 在神经网络方面表现很优异，但因 Torch 由 Lua 语言编写而成，限制了其应用。因此，在 2017 年初，Facebook 人工智能研究院在 Torch 的基础上，采用 Python 语言发布了一个全新的机器学习工具包 PyTorch（PyTorch 官网：https://pytorch.org/）。

1. PyTorch 的特点

PyTorch 强调灵活性和易用性，并使用 Python 语言来表达深度学习模型，使其很快被研究社区接纳。在正式发布后的几年里，它已发展成为最杰出的深度学习框架之一。PyTorch 具有以下的优势：

（1）简洁高效。PyTorch 追求最少的封装，尽量避免重复造轮子。其设计遵循 tensor、autograd、nn.Moudle 三个由低到高的抽象层次，分别代表高维数组（张量）、自动求导（变量）和神经网络（层/模块）。这三个抽象层次之间联系紧密，可以同时进行修改与操作。简洁的设计使得 PyTorch 代码易于理解和阅读。

（2）速度快。在许多评测中，PyTorch 的速度表现胜过 TensorFlow 和 Keras 等框架。

(3) 动态图实现。PyTorch 使用的是动态图,即在运行过程中自动创建数据流图。这一特性使得 PyTorch 可以使用 if、while 等常用的 Python 语句快速构造计算图,具有明显的效率优势。

(4) 活跃的社区。PyTorch 提供了完整的文档,且得到 Facebook 人工智能研究院的强力支持。目前,大量深度学习应用都有利用 PyTorch 实现的解决方案。同时,许多新发表的学术论文也采用 PyTorch 作为论文算法的实现工具,并提供代码以供查询与阅读。

2. PyTorch 的应用

本案例采用 PyTorch 实现对 Cifar10 数据集的分类。Cifar10 数据集的介绍如本书 3.2 节所示。在使用 PyTorch 时,经常需要用到另外一个库 torchvision。torchvision 是 PyTorch 处理图像视频的工具集,包含一些常用的数据集、模型、转换函数等。

(1) 导入 PyTorch 及相关库,如图 3-15 所示。本实例代码共导入了 torch、torchvision 库,其中 torch 即为 PyTorch 库。第 10 行表示从 torchvision 库导入 transforms 函数,用于实现对数据的变换处理;第 13 行设置 torch 进行 CPU 多线程并行计算时所占用的线程数,用来限制 PyTorch 所占用的线程数;第 14 行检测当前程序是否采用 GPU 运算。

```
8   import torch as t
9   import torchvision as tv
10  import torchvision.transforms as transforms
11  from torch import optim
12
13  t.set_num_threads(4)
14  device = 'cuda' if t.cuda.is_available() else 'cpu'
```

图 3-15 导入 PyTorch 及相关库

(2) Cifar10 数据加载及预处理,如图 3-16 所示。第 19 行定义了一组数据变换组合;第 20 行定义了将数值转换为 tensor 的变换;第 21 行定义归一化变换;第 26 行为调用 torchvision 库 Cifar10 数据集的格式,其中参数 root 表示数据集存放目录,参数 train 表示为训练集还是测试集,参数 download 表示是否自动下载,参数 transform 表示调用前述的变换组合。

第 32 行定义了一个 DataLoader 对象。在本案例中,Dataset 对象是一个数据集,第 26 行返回的即为该对象。Dataloader 是一个可迭代的对象,其将 Dataset 对象的数据样本拼接成一个 batch,并提供多线程加速优化和数据打乱等操作。因此,trainloader 需要指定 trainset 为参数,同时定义批量(batch_size)参数和打乱(shuffle)参数。

如图 3-17 所示,第 57 行获取 trainset 第 101 个样本(因为下标从 0 开始,所以索引 100 实际为第 101 个样本),并展示其类别;第 60 行获取一个迭代器,并在第 61 行返回一组批量的样本,并输出区中前 4 个。

```
19  transform = transforms.Compose([
20          transforms.ToTensor(), # 转为Tensor
21          transforms.Normalize((0.4914, 0.4822, 0.4465),
22                               (0.2023, 0.1994, 0.2010)), # 归一化
23          ])
24
25  # 训练集
26  trainset = tv.datasets.CIFAR10(
27                  root='./',
28                  train=True,
29                  download=True,
30                  transform=transform)
31
32  trainloader = t.utils.data.DataLoader(
33                  trainset,
34                  batch_size=128,
35                  shuffle=True)
36
37  # 测试集
38  testset = tv.datasets.CIFAR10(
39                  './',
40                  train=False,
41                  download=True,
42                  transform=transform)
43
44  testloader = t.utils.data.DataLoader(
45                  testset,
46                  batch_size=100,
47                  shuffle=False)
48
49  classes = ('plane', 'car', 'bird', 'cat',
50             'deer', 'dog', 'frog', 'horse', 'ship', 'truck')
```

图 3-16 Cifar10 数据加载及预处理

```
53  # Dataset对象是一个数据集，可以按下标访问，返回形如(data, label)的数据。
54  # DataLoader是一个可迭代的对象，它将dataset返回的每一条数据拼接成一个batch，
55  # 并提供多线程加速优化和数据打乱等操作。当程序对dataset的所有数据遍历完一遍之后，
56  # 相应的对DataLoader也完成了一次迭代。
57  (data, label) = trainset[100]
58  print(classes[label])
59
60  dataiter = iter(trainloader)
61  images, labels = dataiter.next() # 返回4张图片及标签
62  print(' '.join('%11s'%classes[labels[j]] for j in range(4)))
```

图 3-17 Dataset 对象示例

（3）构建 LeNet 网络模型。PyTorch 中提供了默认的网络接口模块。在该模块中，通过在 __init__ 函数中定义网络层，并在 forward 函数中对网络结构进行连接输出。nn 库中对各种网络层进行了定义，同时也提供了其函数版本并存放在 nn.functional 库中。本案例在 __init__ 函数中定义含有参数的网络层。不包含参数的层（如池化层 max_pool2d）则在 forward 函数中调用相关的函数实现形式来完成。

如图 3-18 所示，第 69 行首先定了一个 LeNet 类，该类继承于 nn.Module 模块；在第 89 行定义变量 net，将该类实例化；第 90 行将该类拷贝至对应的设备，

device 在第 14 行定义，表示 GPU 或 CPU 设备；第 91 行将该类的结构打印出来；第 93 行定义交叉损失函数；第 94 行定义优化器，该优化器为随机梯度下降算法(SGD)，学习率为 0.001，冲量为 0.9。

```
65  # ####    定义网络
66  import torch.nn as nn
67  import torch.nn.functional as F
68
69  class LeNet(nn.Module):
70      def __init__(self):
71          super(LeNet, self).__init__()
72          self.conv1 = nn.Conv2d(3, 6, 5)
73          self.conv2 = nn.Conv2d(6, 16, 5)
74          self.fc1   = nn.Linear(16*5*5, 120)
75          self.fc2   = nn.Linear(120, 84)
76          self.fc3   = nn.Linear(84, 10)
77
78      def forward(self, x):
79          out = F.relu(self.conv1(x))
80          out = F.max_pool2d(out, 2)
81          out = F.relu(self.conv2(out))
82          out = F.max_pool2d(out, 2)
83          out = out.view(out.size(0), -1)
84          out = F.relu(self.fc1(out))
85          out = F.relu(self.fc2(out))
86          out = self.fc3(out)
87          return out
88
89  net = LeNet()
90  net = net.to(device)
91  print(net)
92
93  criterion = nn.CrossEntropyLoss() # 交叉熵损失函数
94  optimizer = optim.SGD(net.parameters(), lr=0.001, momentum=0.9)
```

图 3-18　构建 LeNet 网络模型

(4) 定义训练函数和测试函数。在训练函数中，需调用 net.train()函数设置训练模式。如图 3-19 所示，在 105 行通过迭代器不断获得新批量的训练样本；第 106 行分别将样本 input 及其类别 target 复制至对应的设备；第 107 行对优化器 optimizer 的梯度归 0；第 109、110 行和第 111 行分别计算损失值、误差反传、梯度更新；第 113 至 116 行计算训练的准确率等；第 118 行表示每隔 50 个样本批量输出当前的训练信息。

对测试函数的定义与对训练函数基本一致。如图 3-20 所示，第 124 行调用 net.eval()将网络设置为测试模式；由于测试阶段不涉及梯度计算与更新等内容，因此第 128 行采用 with t.no_grad()语句，设置不计算梯度的模式；第 129 至 140 行的含义在训练函数中已涉及，不再重复；第 143 至 146 行将最优的准确率 best_acc 进行保存。

(5) 训练网络。如图 3-21 所示，第 150 行定义总共的训练步数为 200，在对网络训练后，调用测试函数对网络进行测试。

```python
# ####   定义训练函数和测试函数
best_acc = 0  # best test accuracy
def train(epoch):
    print('\nEpoch: %d' % epoch)
    net.train()
    train_loss = 0
    correct = 0
    total = 0
    for batch_idx, (inputs, targets) in enumerate(trainloader):
        inputs, targets = inputs.to(device), targets.to(device)
        optimizer.zero_grad()
        outputs = net(inputs)
        loss = criterion(outputs, targets)
        loss.backward()
        optimizer.step()

        train_loss += loss.item()
        _, predicted = outputs.max(1)
        total += targets.size(0)
        correct += predicted.eq(targets).sum().item()

        if batch_idx%50 == 0:
            print(batch_idx, len(trainloader), 'Loss: %.3f | Acc: %.3f%% (%d/%d)'
                % (train_loss/(batch_idx+1), 100.*correct/total, correct, total))
```

图 3-19　定义训练函数

```python
def test(epoch):
    global best_acc
    net.eval()
    test_loss = 0
    correct = 0
    total = 0
    with t.no_grad():
        for batch_idx, (inputs, targets) in enumerate(testloader):
            inputs, targets = inputs.to(device), targets.to(device)
            outputs = net(inputs)
            loss = criterion(outputs, targets)

            test_loss += loss.item()
            _, predicted = outputs.max(1)
            total += targets.size(0)
            correct += predicted.eq(targets).sum().item()

        print('Test Loss: %.3f | Acc: %.3f%% (%d/%d)'
            % (test_loss/total, 100.*correct/total, correct, total))

    # Save checkpoint.
    acc = 100.*correct/total
    if acc > best_acc:
        best_acc = acc
        print("Update Best: %f" % best_acc)
```

图 3-20　定义测试函数

```python
# ####   训练网络
for epoch in range(200):
    train(epoch)
    test(epoch)

print('测试集中的准确率为: %d' % (100 * best_acc))
```

图 3-21　训练网络

3.4 习题

1. 简述什么是张量。
2. 采用 Keras 框架实现 Cifar10 数据集的网络结构搭建与训练。
3. 采用 PyTorch 搭建一个卷积神经网络模型,并实现在 MNIST 数据集上的训练。

第4章

自编码器及其应用示例

自编码器(AutoEncoder,AE)是一种无监督神经网络,被广泛用于数据降维、数据可视化、异常检测等领域。发展至今,自编码器已经演变出许多改进形式。本章将介绍自编码器的基本结构,使用 TensorFlow 实现自编码器的几种变体,并结合实例描述自编码器在机械故障预测领域的应用。

4.1 自编码器

自编码器是 Rumelhart 等于 1986 年提出的一种神经网络,该网络最主要的学习任务是使得网络的输出数据和输入数据尽可能地相近。因此,自编码器的最优状态是使得输出值等于输入值。由于自编码器不需要标签 y,因此属于无监督学习。目前,自编码器的应用范围已经得到了极大的扩展,在半监督和有监督学习中也得到了大量应用。

4.1.1 自编码器的结构

自编码器由两部分构成:编码器和解码器。编码器的任务是将原始的数据 x 转换成另一种数据表示 ξ;解码器的任务是将 ξ 重新还原成原始的输入数据。如果编码器获得的数据表示 ξ 能够通过解码器重新还原成原始输入数据,那表明该数据表示是有意义的,可以作为原始数据的一种数据特征来使用。

自编码器的主要任务是学习数据的有效表示,即对原始输入数据进行处理,达到数据降维或者特征提取的目的。自编码器的示意结构如图 4-1 所示,其由编码器(Encoder)和解码器(Decoder)构成。编码器和解码器两部分都是单独的神经网络,可采用全连接神经网络、卷积神经网络等。x 表示输入数据,是输入层;

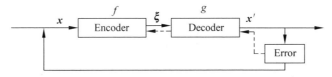

图 4-1 自编码器的结构示意图

Encoder 表示编码器；$\boldsymbol{\xi}$ 表示编码器的输出，即输入数据的另一种表示；Decoder 表示解码器；$\boldsymbol{x}'$ 表示解码器输出的重构数据，为输出层；f 和 g 分别是编码器和解码器的函数表示；Error 表示重构误差。

编码器和解码器可分别用式(4-1)和式(4-2)表示。式(4-1)表示原始数据 x 输入编码器 f 得到数据特征 ξ；式(4-2)表示该数据特征可以通过解码器 g 重构得到重构数据 $\boldsymbol{x}'$。自编码器的学习目标是使重构数据 $\boldsymbol{x}'$ 尽可能接近输入数据 x，即 $\boldsymbol{x}'$ 和 x 之间的误差 Error 尽可能小。Error 一般采用均方差损失函数，如式(4-3)所示。

$$\boldsymbol{\xi} = f(\boldsymbol{x}) \tag{4-1}$$

$$\boldsymbol{x}' = g(\boldsymbol{\xi}) = g(f(\boldsymbol{x})) \tag{4-2}$$

$$\text{Error} = \frac{1}{2} \| \boldsymbol{x}' - \boldsymbol{x} \|_2^2 \tag{4-3}$$

4.1.2 自编码器的训练方法

自编码器训练方法与人工神经网络类似。但自编码器是无监督学习，其训练过程没有标签 y 参与，其学习目标是使输出数据 x' 尽可能重构输入数据 x。自编码器的训练参数包含编码器和解码器的参数，为统一表示编码器和解码器，图 4-2 将自编码器以网络形式展示，并约定其权重 $\boldsymbol{W}$ 和偏置 $\boldsymbol{b}$。

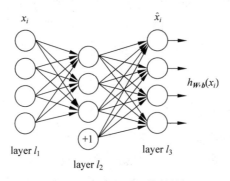

图 4-2 自编码器网络结构

假设有一组未标记的训练样本$(\boldsymbol{x}_1, \boldsymbol{x}_2, \boldsymbol{x}_3, \boldsymbol{x}_4, \boldsymbol{x}_5, \boldsymbol{x}_6)$，自编码器的网络输出结果采用 $h_{\boldsymbol{W},\boldsymbol{b}}(x)$ 表示。因此，自编码器的训练目标为 $h_{\boldsymbol{W},\boldsymbol{b}}(x) \approx x$。

对于样本 i，其误差 $J(\boldsymbol{W},\boldsymbol{b};x_i)$ 如式(4-4)所示。约定 m 为样本个数，此案例中 $m=6$。对所有 m 组样本，其误差 $J(\boldsymbol{W},\boldsymbol{b})$ 即为所有样本误差的平均值，如式(4-5)所示。

$$J(\boldsymbol{W},\boldsymbol{b};x_i) = \frac{1}{2} \| h_{\boldsymbol{W},\boldsymbol{b}}(x_i) - x_i \|_2^2 \tag{4-4}$$

$$J(\boldsymbol{W},\boldsymbol{b}) = \frac{1}{m} \sum_{i=1}^{m} \left(\frac{1}{2} \| h_{\boldsymbol{W},\boldsymbol{b}}(x_i) - x_i \|_2^2 \right) \tag{4-5}$$

上式中，$h_{W,b}(x_i)$ 为样本 x_i 的重构数据，其误差函数采用均方差损失函数。自编码器采用随机梯度下降算法对其权重 W 和偏置 b 进行更新，分别如式(4-6)、式(4-7)所示。其中 $w_{ij}^{(l)}$ 表示 l 层的第 j 个神经元与 $l+1$ 层的第 i 个神经元之间的权重；$b_i^{(l)}$ 是第 $l+1$ 层的第 i 个神经元的偏置；α 表示学习率。

$$w_{ij}^{(l)} = w_{ij}^{(l)} - \alpha \frac{\partial J(W,b)}{\partial w_{ij}^{(l)}} \tag{4-6}$$

$$b_i^{(l)} = b_i^{(l)} - \alpha \frac{\partial J(W,b)}{\partial b_i^{(l)}} \tag{4-7}$$

4.1.3 自编码器的 TensorFlow 实现

本节采用 TensorFlow 搭建一个自编码器网络，并在手写数字数据集 MNIST 上进行训练。本案例拟构建自编码器的中间层节点数量为 [784,300,30,300,784]。本案例分别在 Autoencoder.py 和 AE_main.py 两个文件中。

（1）导入相关库。主要包括 tensorflow、matplotlib、numpy 等库。

（2）准备 MNIST 数据集。如图 4-3 所示，在 tensorflow 中，MNIST 数据集也已经被集成到函数中，如 AE_main.py 文件第 4 行所示，其中参数 one_hot 定义是否采用独热编码。

```
1  import tensorflow as tf
2  from tensorflow.examples.tutorials.mnist import input_data
3  from Autoencoder import plot_n_reconstruct, build_ae
4  mnist = input_data.read_data_sets("MNIST_data/", one_hot = True)
```

图 4-3 导入 MNIST 数据集

（3）定义基础函数。如图 4-4 所示，在 Autoencoder.py 文件中，第 5 行定义了按照形状返回 tensorflow 变量的函数，并采用截断正态分布的随机数初始化该变量，此函数主要用于定义权重；第 7 行定义了初始化方式为 0 的变量，该变量主要用于对偏置进行定义。

```
5  def weight_variable(shape, name):
6      return tf.Variable(tf.truncated_normal(shape = shape, stddev = 0.1), name)
7  def bias_variable(shape, name):
8      return tf.Variable(tf.zeros(shape = shape), name)
```

图 4-4 定义基础函数

（4）定义网络构造函数。如图 4-5 所示，采用 tensorflow 构造网络需要对其权重、偏置和网络结构进行手动构造。在 Autoencoder.py 文件中，第 12 行定义了第一层网络的权重；第 13 行定义了第一层网络的偏置；第 14 行对偏置、权重和输入 x 进行连接，并采用 sigmoid 激活函数对其进行变换；第 16～26 行的定义除节点数不一样外，逻辑与前述基本类似。该函数返回结果分别为特征、权重和重构值。

```
11  def build_ae(x):
12      W_e_1 = weight_variable([784, 300], "w_e_1")
13      b_e_1 = bias_variable([300], "b_e_1")
14      h_e_1 = tf.nn.sigmoid(tf.add(tf.matmul(x, W_e_1), b_e_1))
15
16      W_e_2 = weight_variable([300, 30], "w_e_2")
17      b_e_2 = bias_variable([30], "b_e_2")
18      h_e_2 = tf.nn.sigmoid(tf.add(tf.matmul(h_e_1, W_e_2), b_e_2))
19
20      W_d_1 = weight_variable([30, 300], "w_d_1")
21      b_d_1 = bias_variable([300], "b_d_1")
22      h_d_1 = tf.nn.sigmoid(tf.add(tf.matmul(h_e_2, W_d_1), b_d_1))
23
24      W_d_2 = weight_variable([300, 784], "w_d_2")
25      b_d_2 = bias_variable([784], "b_d_2")
26      h_d_2 = tf.nn.sigmoid(tf.add(tf.matmul(h_d_1, W_d_2), b_d_2))
27
28      return [h_e_1, h_e_2], [W_e_1, W_e_2, W_d_1, W_d_2], h_d_2
```

图 4-5 定义网络构造函数

（5）构造 SAE 网络并设置网络损失函数。如图 4-6 所示，在 AE_main.py 文件中，第 9 行定义了输入 x；第 10 行构造了自编码器网络；第 12 行按照式(4-5)设置了损失函数 loss；第 13~15 行设置优化器，并对网络进行初始化。

```
7   tf.reset_default_graph()
8   sess = tf.InteractiveSession()
9   x = tf.placeholder(tf.float32, shape = [None, 784])
10  h, w, x_reconstruct = build_ae(x)
11
12  loss = tf.reduce_mean(tf.pow(x_reconstruct - x, 2))
13  optimizer = tf.train.AdamOptimizer(0.01).minimize(loss)
14  init_op = tf.global_variables_initializer()
15  sess.run(init_op)
```

图 4-6 构造 SAE 网络并设置网络损失函数

（6）训练网络。如图 4-7 所示，本案例共训练 20 000 次，每次批量大小为 60。网络训练的前 1 000 次中每 100 次输出训练信息；1 000 次之后，每 1 000 次输出训练训练信息。

```
17  for i in range(20000):
18      batch = mnist.train.next_batch(60)
19      if i < 1000:
20          if i%100 == 0:
21              print("step %d, loss %g"%(i, loss.eval(feed_dict={x:batch[0]})))
22      else:
23          if i%1000 == 0:
24              print("step %d, loss %g"%(i, loss.eval(feed_dict={x:batch[0]})))
25      optimizer.run(feed_dict={x: batch[0]})
26  print("final loss %g" % loss.eval(feed_dict={x: mnist.test.images}))
```

图 4-7 训练网络

在训练结束后，选取测试集中的 10 张图片，比较重构后的结果，如图 4-8 所示。其中第一列为原始图像，第二列为重构后的图像。从图中可见，重构图像和原始图像基本相似，这表明该网络能较好实现对 MNIST 数据集的重构。

图 4-8 自编码器结果可视化对比

4.2 自编码器的变体

随着对自编码器研究的深入,开发了丰富的自编码器变体结构。本节针对其中三种典型结构进行介绍,包括考虑稀疏性的稀疏自编码器、考虑噪声的去噪自编码器和考虑惩罚项的收缩自编码器。

4.2.1 稀疏自编码器

通常自编码器的输入数据和输出数据的维度相同,中间层的维度小于输入数据的维度,进而实现数据压缩、降维。稀疏自编码器(Sparse AutoEncoder, SAE)借鉴了人脑的学习机制,即在某个刺激下,人脑中大部分神经元是被抑制的,只有少数神经元被激活。这种高维但稀疏的表达能够得到更好的效果。因此,稀疏自编码器在中间层设置大量神经元,但通过约束中间层使其表达尽可能稀疏。

在稀疏自编码器中,如果某神经元的输出接近于 1,则认为其被激活;其输出接近于 0,则认为其被抑制。使神经元大部分时间被抑制的方法称为稀疏性限制。稀疏自编码器不会指定中间层中哪些神经元被抑制,而是指定稀疏参数 ρ 来代表中间层神经元的平均活跃度。如 $\rho=0.01$ 时,代表中间层中 99% 的神经元被抑制,只有 1% 的神经元是激活状态的。通常情况下 $\rho=0.05$ 或 0.1。

稀疏自编码器在自编码器损失函数的基础上增加了稀疏性限制。约定 a_j 表示中间层的第 j 个神经元的激活度,$a_j(x_i)$ 表示给定输入 x_i 时第 j 个神经元的激活度。中间层第 j 个神经元的平均活跃度 ρ_j 如式(4-8)所示。为了实现稀疏性限制,可引入 KL 散度以衡量中间层的平均活跃度 ρ_j 与设定的稀疏参数 ρ 的相似性。KL 散度如式(4-9)所示。

$$\rho_j = \frac{1}{m}\sum_{i=1}^{m}(a_j(x_i)) \tag{4-8}$$

$$\mathrm{KL}(\rho \parallel \rho_j) = \rho\log\frac{\rho}{\rho_j} + \log\frac{1-\rho}{1-\rho_j} \tag{4-9}$$

图 4-9 展示 $\rho=0.2$ 时,ρ_j 和 $\mathrm{KL}(\rho \parallel \rho_j)$ 之间的函数曲线。从图中可以看出,当 ρ_j 和 ρ 接近时,KL 散度趋近于 0。当 $\rho_j=\rho$ 时,KL 散度为 0。在其余情况下,KL 散度始终大于 0。由于 ρ 设置较小,可以使得中间层神经元的平均活跃度较

自编码器

在 Keras 中构建自编码器

自编码器:理论+代码

稀疏自编码器

低,进而实现稀疏性。

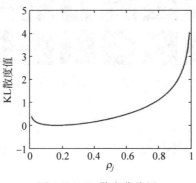

图 4-9 KL 散度曲线图

通过稀疏性限制,稀疏自编码器中间层神经元的平均活跃度会接近于所设定的值。然而在使用稀疏自编码器时,经常加入 l_2 正则化项。因此,稀疏自编码器的损失函数为自编码器损失函数、稀疏性惩罚项和 l_2 正则化项之和,如式(4-10)所示。其中,s_2 表示中间层神经元的数量;β 为稀疏性惩罚项权重;α 为 l_2 正则化项权重。

$$J_{\text{sparse}}(\boldsymbol{W},\boldsymbol{b}) = J(\boldsymbol{W},\boldsymbol{b}) + \beta \sum_{j=1}^{s_2} \text{KL}(\rho \parallel \rho_j) + \alpha \parallel \boldsymbol{W} \parallel_2^2 \quad (4\text{-}10)$$

为方便对比,本节采用与本书 4.1.3 节相同的结构的自编码器构造稀疏自编码器。不同稀疏参数 ρ 下稀疏自编码器的结果如图 4-10 所示。从图中可以看出

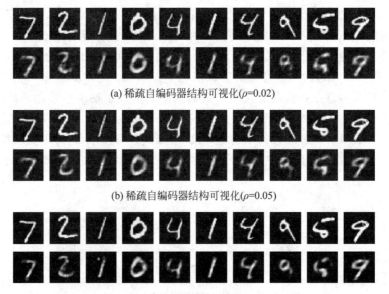

(a) 稀疏自编码器结构可视化(ρ=0.02)

(b) 稀疏自编码器结构可视化(ρ=0.05)

(c) 稀疏自编码器结构可视化(ρ=0.1)

图 4-10 稀疏自编码器结果可视化对比

稀疏自编码器也能较精准的实现对图像的还原，然而由于稀疏性限制，其所重构的图像相比较为模糊，且其稀疏参数对重构图像也有一定的影响。

4.2.2 去噪自编码器

为了防止自编码器复制输入到输出，进而无法学习到有效的数据特征，2008年，Vincent等提出去噪自编码器（Denoising AutoEncoder，DAE）。去噪自编码器需要先对输入数据加入噪声形成破损数据，然后再采用破损数据训练去噪自编码器去恢复原始输入数据，以强制去噪自编码器学习有用的数据特征，提高其鲁棒性。

去噪自编码器的结构如图 4-11 所示。其中 x 表示输入数据，q_D 表示损坏函数，$\tilde{x}$ 表示经过 q_D 损坏后的破损数据。去噪自编码器通过学习编码器 f 和解码器 g，实现对破损数据的重构数据 z。其学习到的数据特征为 ξ，重构误差 $L_H(x,z)$ 为重构数据 z 与原始输入数据 x 之间的误差。

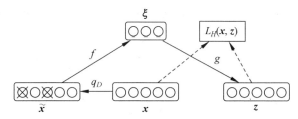

图 4-11　去噪自编码器结构图

去噪自编码器中损坏函数 q_D 可以是高斯噪声，也可以是对部分数据的随机删除（置 0）。采用高斯噪声的去噪自编码器如图 4-12 第 12 行所示，其采用参数 Noise_param 设置噪声大小，并在第 13 行采用含有噪声的破损数据作为输入构造自编码器。

```
10    Noise_param = 0.9    # 0.7, 0.5, 0.3
11    x = tf.placeholder(tf.float32, shape = [None, 784])
12    x_noisy = x + Noise_param * tf.random_normal(tf.shape(x))
13    h, w, x_reconstruct = build_ae(x_noisy)
```

图 4-12　去噪自编码器代码

图 4-13 展示了 Noise_param 为 0.3、0.5、0.7 和 0.9 四种情况下破损数据及重构数据的图形。从图中可以看出，在随机噪声较小的情况下，去噪自编码器仍能清晰地提取图像的特征。但随着噪声比重的增加，去噪自编码器学习到的数据特征逐渐模糊。在 Noise_param＝0.9 时，去噪自编码器在部分图上仅能学习到轮廓。

采用随机删除部分数据的方式实现的去噪自编码器可以采用深度学习中的 dropout 层实现。dropout 表示以一定概率丢掉部分数据，如图 4-14 第 12 行所示，rate 表示丢弃概率。图 4-15 展示了当 rate 为 0.5 时破损数据及重构数据的图形。

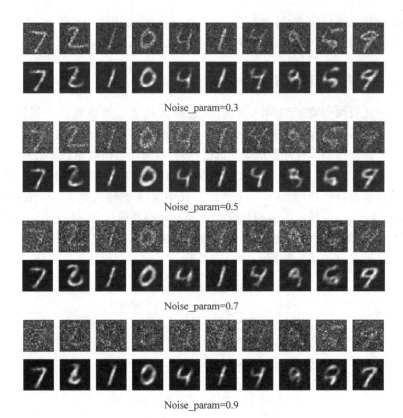

图 4-13 去噪自编码器结果可视化对比

```
10  x = tf.placeholder(tf.float32, shape = [None, 784])
11  rate = tf.placeholder(tf.float32)
12  x_drop = tf.nn.dropout(x, rate=rate)
13  h, w, x_reconstruct = build_ae(x_drop)
14  keep_prob = 0.5
```

图 4-14 dropout 层

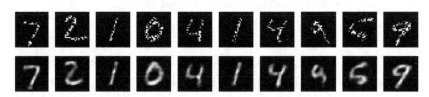

图 4-15 去噪自编码器结果可视化对比

4.2.3 收缩自编码器

为使自编码器对输入数据在一定程度下的扰动具有不变性，2011 年 Rifai 等提出了收缩自编码器（Contractive AutoEncoder，CAE）。收缩自编码器通过增加收缩正则项来完成,收缩正则项的形式为编码器 f 关于输入数据 x 的雅克比矩阵 $\boldsymbol{J}_f(\boldsymbol{x})$ 的平方 Frobenius 范数。该收缩正则项以惩罚项的形式增加到损失函数中,如式(4-11)所示。λ 为收缩正则项的权重。

$$J_{\text{CAE}}(\boldsymbol{W},\boldsymbol{b}) = J(\boldsymbol{W},\boldsymbol{b}) + \lambda \parallel J_f(x) \parallel_F^2 \qquad (4\text{-}11)$$

由此可见,收缩自编码器存在两种学习目标。第一个目标即为自编码器的目标,实现对原始数据的重构过程;第二个目标为所学习自编码器模型对输入数据的梯度很小,使得所学习到的数据特征在所有方向尽量不变,对在所有方向都有收缩作用。因此,收缩自编码器在输入具有小扰动时,其小梯度会减小这些扰动的影响,以增加自编码器对小扰动的鲁棒性。如图 4-16 所示,第 22 行定义了 λ 参数;第 23 行定义了收缩正则化项。

```
22      lamda = 1e-3
23      contractive_loss = tf.reduce_sum(tf.square(tf.gradients(h[1], x,
24                                                       stop_gradients = [x])))
25      loss = (tf.reduce_mean(tf.pow(x_reconstruct - x, 2)) + Reg_Loss +
26              lamda * contractive_loss)
```

图 4-16 定义收缩自编码器的参数

图 4-17 展示了收缩自编码器的重构数据的图形。图 4-18 展示了收缩正则项的值与自编码器该值的对比,结果显示收缩自编码器的该值在 10^{-2} 左右,而自编码器在 10^2 左右。虽然两者相差 10^4 倍,但是收缩自编码器依然能取得良好的数据重构效果。

图 4-17 收缩自编码器结果可视化对比

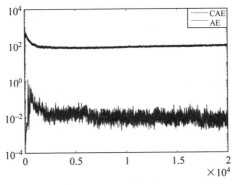

图 4-18 收缩自编码器收缩正则项的值与自编码器该值的对比(见文前彩图)

4.3 基于栈式自编码器的故障预测方法

本节通过将自编码器进行堆叠,构造栈式自编码器(Stacked AutoEncoder),实现网络层数更深、特征提取更强的自编码器,提升其特征提取能力,并将其用于机械故障预测中,采用凯斯西储大学轴承故障数据集为案例,对所提算法的性能进行验证。

4.3.1 栈式自编码器

对于多层 ANN,随着网络层数的增加,梯度下降算法在靠近输入端的中间层中会出现梯度小、参数更新慢的现象。这一现象被称为"梯度弥散"。该现象导致传统绝大多数 ANN 网络的层数在 3、4 层左右。更深层的 ANN 网络难以得到良好有效的训练。2006 年 Hinton 等提出了"无监督预训练、有监督微调"的深层网络训练方法,有效地改善了梯度弥散的现象,使得深层的神经网络结构得到应用。

栈式自编码器是采用多层自编码器堆叠而成的深层神经网络,其通过逐层无监督预训练各层自编码器,且使各层自编码器都以前一层自编码器的数据特征为输入进行学习,可以实现对输入数据更加抽象的数据特征提取。

(1) 无监督预训练:第一个自编码器以输入数据 x 实现对其自身的重构,并在中间层实现了特征变换。首先,对该自编码器进行训练,最小化输入数据 x 的重构误差,进而在中间层实现有效的特征提取。然后,以第一层自编码器的特征作为第二层自编码器的输入数据,训练第二层自编码器,实现对第二层特征的提取。对该过程不断重复,直至最后一个自编码器完成训练。为了实现对机器故障的分类,可在栈式自编码器顶层加入 Softmax 层。Softmax 为分类层,其输出为各类别为真的概率。Softmax 层也采用预训练的方式训练,即以最后一层自编码器的特征为输入数据,输入数据的实际类别为标签,训练 Softmax 层。预训练过程如图 4-19 所示。

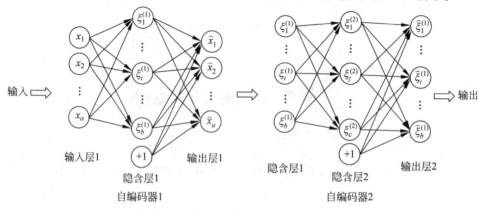

图 4-19 栈式自编码器构造图

（2）有监督微调：完成栈式自编码器的预训练后，将其结构连接到一个网络中，如图4-20所示。该网络中，各层的权重和偏置值与原各层自编码器的权重和偏置一样。然后采用输入数据 x 和类别标签 y 对该网络的参数进行有监督微调。由于该网络经过预训练，故此阶段可采用较小学习率进行微调，以提高最终的分类准确度。

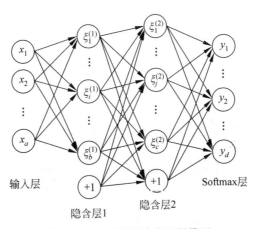

图 4-20　四层的栈式编码器模型

由此可见，栈式自编码器通过将自编码器堆叠，实现多层次、非线性的数据特征提取，其无监督预训练算法流程如算法 4.1 所示。在该算法中约定 N 表示自编码器的个数，AE_i 表示第 i 个自编码器；m 表示原始输入数据的维度；k_i 表示第 i 个自编码器得到的数据特征的维度。

算法 4.1　栈式自编码器无监督预训练算法流程

输入 初始化各自编码器，输入数据 $\{x_1, x_2, \cdots, x_m\}$

1. **For** 自编码器个数 $i=1,2,\cdots,N$ **do**
2. 　　**If** $i=1$ **do**
3. 　　　　输入数据为 $\{x_1, x_2, \cdots, x_n\}$
4. 　　**Else if** $i>1$ **do**
5. 　　　　输入数据为 $\{\xi_1^{i-1}, \xi_2^{i-1}, \cdots, \xi_{k_i}^{i-1}\}$
6. 　　**End if**
7. 　　预训练各自编码器，得到其参数 W_i, b_i
8. 　　计算 $\{\xi_1^i, \xi_2^i, \cdots, \xi_k^i\} = AE_i(\xi_1^{i-1}, \xi_2^{i-1}, \cdots, \xi_k^{i-1})$
9. **End For**
10. 采用 $\{\xi_1^N, \xi_2^N, \cdots, \xi_{k_N}^N\}$ 及其标签预训练 Softmax 分类器

4.3.2 轴承故障诊断应用案例

1. 数据集介绍与预处理

凯斯西储大学轴承数据集是故障诊断领域最常用的测试数据集,其来源于凯斯西储大学(Case Western Reserve University,CWRU)的轴承数据中心。该数据集的实验装置如图 4-21 所示,其机械装置包括:一个 2 马力(2HP)的电动机以带动滚动轴承进行转动;一个控制电路以控制旋转速度;一个转矩转换器和编码器以进行信号测量和变换;一个测功机;一个加速传感器用于采集振动信号。

图 4-21 凯斯西储大学轴承数据采集装置

(1)振动信号的测量位置:测量位置主要包含轴承的两端:扇叶端(Fan-End,FE)和驱动端(Drive-End,DE),同时还有基准加速器信号(Base Accelerometer,BA),采集频率为 12kHz。

(2)电机负载:该滚动轴承在 4 种负载运行条件下进行实验,每种负载对应一种转速,如表 4-1 所示。

表 4-1 电机的负载与电机转动速度

电机负载(HP)	近似旋转速度(rpm)
0	1797
1	1772
2	1750
3	1730

(3)损伤直径:对 3 种尺寸的损伤直径(0.18mm,0.36mm 和 0.54mm)进行实验。

(4)轴承故障状态:每种尺寸的故障区域有 3 种状态:滚珠故障(Roller Fault,RF)、外圈故障(Outer Races Fault,OF)和内圈故障(Inner Races Fault,IF)。此外,还有正常状态(NO)下的轴承振动信号也得到了采集。因此,总共有 10 种故障状态,分别表示为:RF0.18,RF0.36,RF0.54,OF0.18,OF0.36,OF0.54,IF0.18,IF0.36,IF0.54,NO。

2. 算法流程设计与自编码器训练

基于栈式自编码器的故障预测方法如图 4-22 所示。在获得数据集后,需要进行数据预处理。本案例中数据预处理包含故障特征工程和归一化两方面:

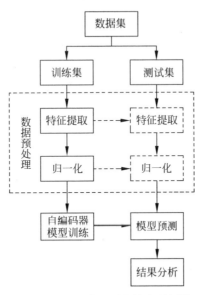

图 4-22 基于栈式自编码器的故障预测模型框架

(1) 故障特征工程:为便于后续对故障的预测,需对故障样本进行特征工程变换,特征工程是指将采集到的振动信号转换成时域、频域和时频域上的多个特征值,如表 4-2 所示。在本案例中,栈式自编码器对上述特征工程完成后形成的故障数据值进行非线性的特征提取,进而实现对故障的分类。

表 4-2 故障特征工程

时域特征		频域特征 $X(k) = \sum\limits_{i=1}^{n} x_i \mathrm{e}^{-\mathrm{j}2\pi(i-1)(k-1)/N}, k=1,2,\cdots,n$	
均方根	$\mathrm{RMS} = \sqrt{\dfrac{1}{n}\sum\limits_{i=1}^{n} x_i^2}$	均值	$f_1 = \dfrac{\sum\limits_{k=1}^{K} X(k)}{K}$
方差	$\mathrm{var} = \dfrac{1}{n}\sum\limits_{i=1}^{n}(x_i - \overline{x})^2$	标准差	$S = \sqrt{\dfrac{\sum\limits_{k=1}^{K}(X(k)-f_1)^2}{K-1}}$
峰峰值	$\mathrm{pp} = \max(x_i) - \min(x_i)$	最大值	$\max(X(k))$

续表

时域特征		频域特征 $X(k)=\sum_{i=1}^{n}x_{i}\mathrm{e}^{-\mathrm{j}2\pi(i-1)(k-1)/N},k=1,2,\cdots,n$	
峰度	$\mathrm{Kurt}=\dfrac{\dfrac{1}{n}\sum_{i=1}^{n}(x_{i}-\overline{x})^{4}}{\left[\dfrac{1}{n}\sum_{i=1}^{n}(x_{i}-\overline{x})^{2}\right]^{2}}$	最小值	$\min(X(k))$
		中位数	$\mathrm{median}(X(K))$
强度	$\mathrm{Amp}=\dfrac{1}{n}\sum_{i=1}^{n}\sqrt{\lvert x_{i}\rvert}$	均方根	$\mathrm{RMS}=\sqrt{\dfrac{1}{K}\sum_{k=1}^{K}X(k)^{2}}$
峰值因子	$\mathrm{CF}=\dfrac{\max(\lvert x_{i}\rvert)}{\mathrm{RMS}}$	频谱集中程度	$f_{2}=\dfrac{\sum_{k=1}^{K}[X(k)-f_{1}]^{2}}{K-1}$
脉冲因子	$I=\dfrac{X_{\max}}{\overline{X}}$		$f_{3}=\dfrac{\sum_{k=1}^{K}[X(k)-f_{1}]^{3}}{K(\sqrt{f_{2}})^{3}}$
波形因子	$\mathrm{SF}=\dfrac{\mathrm{RMS}}{\dfrac{1}{n}\sum_{i=1}^{n}\lvert x_{i}\rvert}$		$f_{4}=\dfrac{\sum_{k=1}^{K}[X(k)-f_{1}]^{4}}{Kf_{2}^{2}}$
裕度因子	$C_{L}=\dfrac{\max(\lvert x_{i}\rvert)}{\left[\dfrac{1}{n}\sum_{i=1}^{n}\sqrt{\lvert x_{i}\rvert}\right]^{2}}$	主频带位置	$f_{5}=\dfrac{\sum_{k=1}^{K}f_{k}X(k)}{\sum_{k=1}^{K}X(k)}$
方根均值	$\mathrm{smr}=\left(\dfrac{1}{n}\sum_{i=1}^{n}\sqrt{\lvert x_{i}\rvert}\right)^{2}$		$f_{6}=\dfrac{\sqrt{\sum_{k=1}^{K}f_{k}^{2}X(k)}}{\sum_{k=1}^{K}X(k)}$
时频特征			$f_{7}=\dfrac{\sqrt{\sum_{k=1}^{K}f_{k}^{4}X(k)}}{\sqrt{\sum_{k=1}^{K}f_{k}^{2}X(k)}}$
小波包分解系数的能量	'ener_cA5', 'ener_cD1', 'ener_cD2', 'ener_cD3', 'ener_cD4', 'ener_cD5'		
小波包分解系数的占比	'ratio_cA5', 'ratio_cD1', 'ratio_cD2', 'ratio_cD3', 'ratio_cD4', 'ratio_cD5'		$f_{8}=\dfrac{\sum_{k=1}^{K}f_{k}^{2}X(k)}{\sqrt{\left[\sum_{k=1}^{K}f_{k}^{4}X(k)\right]\left[\sum_{k=1}^{K}X(k)\right]}}$

(2) 数据归一化：在故障特征工程完成后，需要对其进行归一化。在该预测方法中，采用了标准归一化，如式(4-12)所示。栈式自编码器在训练集上训练，并在

测试集上进行性能评估和验证。然而,在归一化中的均值与方差均应采用训练集获得,然后在测试集上使用。

$$X_{\text{norm}} = \frac{X - X_{\text{mean}}}{X_{\text{std}}} \qquad (4-12)$$

3. 结果分析

由于该案例中轴承具有四种不同的工作负载状态,分别表示为负载0~负载3,本案例分别测试六种不同的组合验证栈式自编码器的性能。约定"$a \rightarrow b$"表示栈式自编码器在负载 a 上训练,但在负载 b 上测试。六种组合的平均值(AVG)作为栈式自编码器的性能评价指标。六种组合为:1→2、1→3、2→1、2→3、3→1 和 3→2。上述的实验重复 10 次,并取 10 次平均值作为评价指标验证所提算法的性能。

在本案例中,自编码器为稀疏自编码器。训练集在每类中分别选取 1 000 个样本,共形成 10 000 个样本,测试集每类选取 200 个,形成 2 000 个样本。训练过程中的 β 为 1,α 为 1×10^{-4},ρ 为 0.1。网络包含 2 层稀疏自编码器,其中间层节点数分别为 64 和 32。预训练过程中,稀疏自编码器训练步数为 400 次,Softmax 分类器训练次数为 100 次。微调阶段,整个网络训练 100 次。

栈式自编码器在六种组合上的预测准确率箱形图如图 4-23 所示。从图中看出,栈式自编码器的预测效果基本稳定,在 1→2 组合上达到 100%,在 1→3 和 2→3 上也在 99% 以上,在 3→1 上最低,仅为 90% 左右。图 4-23(b)展示了平均预测精度 AVG 的箱形图,从结果上看,其最低值为 96.3 左右,最高值为 97.1% 左右,中位值在 96.9% 左右,整体的预测效果稳定。

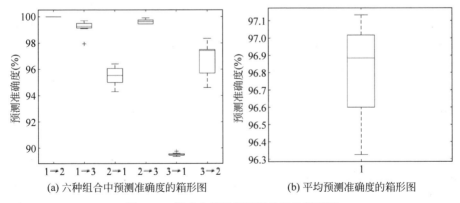

(a) 六种组合中预测准确度的箱形图 (b) 平均预测准确度的箱形图

图 4-23 栈式自编码器预测结果的箱形图

栈式自编码器预测结果的混淆矩阵如图 4-24 所示,从图中可以看出其在 RF0.18、RF0.36、OF0.18、OF0.36、OF0.54、IF0.18、IF0.36、IF0.54 和 NO 9 个类别上都取得了良好的预测效果,均超过 98%。然而其在 RF0.54 上仅为 70.7%,其中最大的误分类是将 RF0.54 误分类为 RF0.18,比例为 2 144/(2 000×6)=

17.87%。但其他类别误分类至 RF0.54 较少,即其查准率较高,为 98.8%。

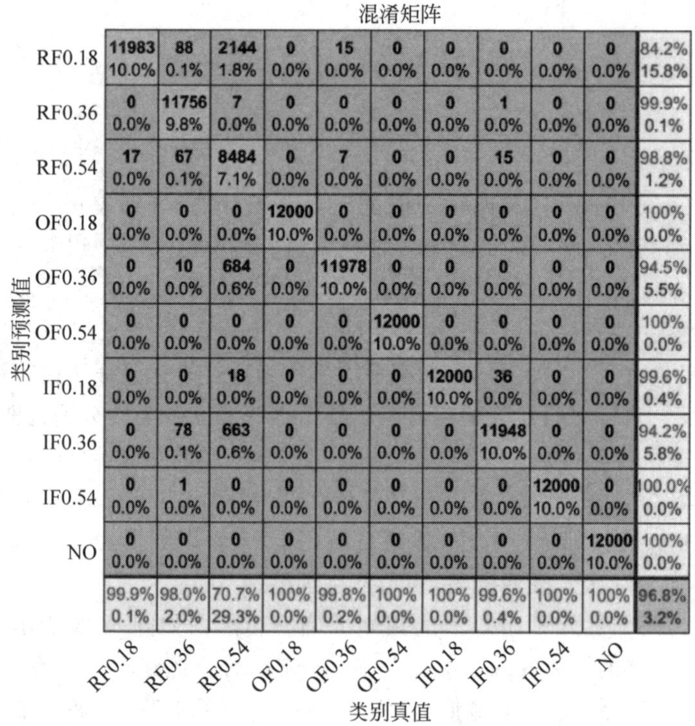

混淆矩阵

类别预测值	RF0.18	RF0.36	RF0.54	OF0.18	OF0.36	OF0.54	IF0.18	IF0.36	IF0.54	NO	
RF0.18	11983 / 10.0%	88 / 0.1%	2144 / 1.8%	0 / 0.0%	15 / 0.0%	0 / 0.0%	0 / 0.0%	0 / 0.0%	0 / 0.0%	0 / 0.0%	84.2% / 15.8%
RF0.36	0 / 0.0%	11756 / 9.8%	7 / 0.0%	0 / 0.0%	0 / 0.0%	0 / 0.0%	0 / 0.0%	1 / 0.0%	0 / 0.0%	0 / 0.0%	99.9% / 0.1%
RF0.54	17 / 0.0%	67 / 0.1%	8484 / 7.1%	0 / 0.0%	7 / 0.0%	0 / 0.0%	0 / 0.0%	15 / 0.0%	0 / 0.0%	0 / 0.0%	98.8% / 1.2%
OF0.18	0 / 0.0%	0 / 0.0%	0 / 0.0%	12000 / 10.0%	0 / 0.0%	0 / 0.0%	0 / 0.0%	0 / 0.0%	0 / 0.0%	0 / 0.0%	100% / 0.0%
OF0.36	0 / 0.0%	10 / 0.0%	684 / 0.6%	0 / 0.0%	11978 / 10.0%	0 / 0.0%	0 / 0.0%	0 / 0.0%	0 / 0.0%	0 / 0.0%	94.5% / 5.5%
OF0.54	0 / 0.0%	0 / 0.0%	0 / 0.0%	0 / 0.0%	0 / 0.0%	12000 / 10.0%	0 / 0.0%	0 / 0.0%	0 / 0.0%	0 / 0.0%	100% / 0.0%
IF0.18	0 / 0.0%	0 / 0.0%	18 / 0.0%	0 / 0.0%	0 / 0.0%	0 / 0.0%	12000 / 10.0%	36 / 0.0%	0 / 0.0%	0 / 0.0%	99.6% / 0.4%
IF0.36	0 / 0.0%	78 / 0.1%	663 / 0.6%	0 / 0.0%	0 / 0.0%	0 / 0.0%	0 / 0.0%	11948 / 10.0%	0 / 0.0%	0 / 0.0%	94.2% / 5.8%
IF0.54	0 / 0.0%	1 / 0.0%	0 / 0.0%	0 / 0.0%	0 / 0.0%	0 / 0.0%	0 / 0.0%	0 / 0.0%	12000 / 10.0%	0 / 0.0%	100.0% / 0.0%
NO	0 / 0.0%	0 / 0.0%	0 / 0.0%	0 / 0.0%	0 / 0.0%	0 / 0.0%	0 / 0.0%	0 / 0.0%	0 / 0.0%	12000 / 10.0%	100% / 0.0%
	99.9% / 0.1%	98.0% / 2.0%	70.7% / 29.3%	100% / 0.0%	99.8% / 0.2%	100% / 0.0%	100% / 0.0%	99.6% / 0.4%	100% / 0.0%	100% / 0.0%	96.8% / 3.2%

类别真值

图 4-24 栈式自编码器预测结果的混淆矩阵

为了验证所提栈式自编码器模型的性能,此处将其结果与其他文献中的深度学习模型进行了对比。这些深度模型包括 WDCNN、WDCNN(AdaBN)和 TICNN、Ensemble TICNN。同时,也将其与传统的 SVM 和 ANN 作为基准方法进行比较。比较结果如表 4-3 所示。

表 4-3 栈式自编码器(Stacked AutoEncoder)与其他深度学习方法的结果比较(%)

Methods	1→2	1→3	2→1	2→3	3→1	3→2	AVG
Stacked AutoEncoder	100	99.21	95.53	99.62	89.51	96.88	96.79
WDCNN	99.2	91.0	95.1	91.5	78.1	85.1	90.0
WDCNN(AdaBN)	99.4	93.4	97.5	97.2	88.3	99.9	95.9
TICNN	99.1	90.7	97.4	98.8	89.2	97.6	95.5
Ensemble TICNN	99.5	91.1	97.6	99.4	90.2	98.7	96.1
SVM	68.6	60.0	73.2	67.6	68.4	62.0	66.6
ANN	82.1	85.6	71.5	82.4	81.8	79.0	80.4

结果显示,栈式自编码器取得了很好的预测效果,其平均预测精度为 96.79%(图 4-24 中因只保留 1 位小数位,故为 96.8%),高于 TICNN、TICNN、ADCNN

(AdaBN)和WDCNN。同时,栈式自编码器在6组测试中的3组均取得了最好的效果,在与SVM和ANN的比较中,栈式自编码器也明显优于它们。这些结果显示,栈式自编码器在本案例上得到了很好的预测效果。

4.4 习题

1. 简述自编码器的原理,写出其损失函数。
2. 简述稀疏自编码器的原理,并使用MNIST为对象,使用TensorFlow编写稀疏自编码器模型实现对MNIST数据的重构。
3. 写出稀疏自编码器的损失函数,在MNIST数据集上对比不同稀疏参数和不同正则化值时的重构效果。
4. 训练栈式自编码器模型用于在MNIST数据集的分类。
5. 参照4.3.2节,采用去噪自编码器替代稀疏自编码器实现故障预测模型。

第5章

卷积神经网络及其应用示例

卷积神经网络(Convolutional Neural Network,CNN)是受生物自然视觉认知机制启发而提出的一种深度学习模型,广泛用于图像分类、目标检测、模式识别、视频分析等应用场景,取得了非常好的效果。本章将介绍卷积神经网络的性质和结构,并采用 PyTorch 搭建卷积神经网络模型,结合实例展示卷积神经网络在表面缺陷识别中的应用。

卷积:分析数学中的一种重要的运算

卷积应该怎么卷

5.1 卷积神经网络

CNN 是受生物学上感受野机制而提出的。神经生理学家 Hubel 和 Wiesel 通过对猫视觉皮层细胞的研究,于 1962 年首次提出感受野(Receptive Field)的概念。在经历了多次实验后,他们发现在视觉系统中较为前面的神经元细胞只对特定的光模式(例如精确定向的条纹)敏感,被称为"方向选择性细胞"。因此,关于视觉系统的工作过程,应该是先对原始信号做低级抽象,发现一些基本特征,如边缘和颜色,然后再逐步向高级抽象,以形成复杂特征。CNN 模型借鉴了上述过程,并取得了极大的成功。

CNN 也是层级网络,其主要由输入层、卷积层、池化层及全连接层组成,其中卷积层和池化层主要用于实现特征提取过程。

5.1.1 卷积运算

从数学上讲,卷积是一种运算。可积函数 x 和 w 的卷积如式(5-1)所示,其离散形式定义如式(5-2)所示。

$$(x*w)(t) = \int_{-\infty}^{+\infty} x(\tau)g(x-\tau)\mathrm{d}\tau \tag{5-1}$$

$$(x*w)(t) = \sum_{\tau=-\infty}^{\infty} x(\tau)g(x-\tau)\mathrm{d}\tau \tag{5-2}$$

卷积操作可看作是一个函数在另一个函数上滑动平均的过程。在 CNN 中,约定 x 为输入,w 为核函数或卷积核,输出 $(x*w)$ 被称为特征图。若以二维图像作

为输入 x,使用二维的卷积核 w,则特征图可表示为式(5-3):

$$(x*w)(i,j) = \sum_m \sum_n x(m,n)g(i-m,j-n) \tag{5-3}$$

5.1.2 卷积层

CNN 的卷积层借鉴了卷积操作。图 5-1 展示了 CNN 的卷积操作。假设卷积核大小为 $n \times n$,像素卷积步长为 1,则特征图中元素 h_{ij} 如式(5-4)所示。其中 h 为输出的特征图,f 为激活函数,b 为偏置,x 是输入,w 是卷积核。

$$h_{ij} = f\left(b_{ij} + \sum_{p=1}^{n} \sum_{q=1}^{n} x_{(p+i-1)(q+j-1)} w_{pq}\right) \tag{5-4}$$

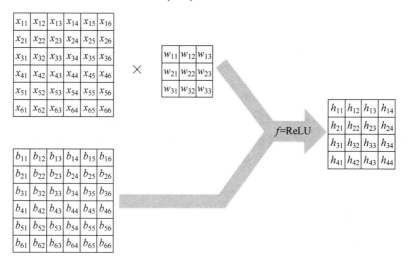

图 5-1 卷积操作示意图

CNN 的卷积操作为卷积核按照特定的顺序对输入值进行线性卷积操作,以提取相应的特征信息。图 5-2 展示了一组卷积操作数值示例。在该示例中,左边为图像,右边为卷积核,其卷积结果为 $0.2 \times 0 + 0.5 \times 1 + 0.7 \times 0 + 0.2 \times 0 + 0.4 \times 1 + 1 \times 0 + 0.2 \times 0 + 0.3 \times 1 + 0.2 \times 0 = 0.5 + 0.4 + 0.3 = 1.2$。

0.2	0.5	0.7
0.2	0.4	1.0
0.2	0.3	0.2

×

0	1	0
0	1	0
0	1	0

图 5-2 卷积数值示例

卷积的操作方式是多样化的,在实际使用时需要根据特征提取要求和计算能力约束来选择不同的卷积核大小、卷积深度、卷积步长以及填充方式。

1. 卷积核的大小

较小的卷积核有利于提取输入的细节性特征,而较大的卷积核偏向于提取输入中宏观特征信息。CNN 网络可以将不同大小的卷积层配合使用。卷积核的设定目前仍没有严谨的数学证明,其设定仍然依赖人工经验。一般而言,特征提取采取先宏观后微观的方式。因此在 CNN 网络中在靠近输入层的卷积层使用较大的卷积核,而靠近输出层的卷积层使用较小的卷积核。卷积核的大小一般选择单数,如 1×3、3×1、3×3、5×5、7×7 等。

2. 卷积深度

卷积深度表示同时对输入进行卷积操作的卷积核的个数。图 5-1 中展示的案例只有一个卷积核,因此卷积深度为 1。卷积深度的选择会影响模型的计算复杂度,需要根据计算能力(如 GPU 内存)等约束按需设置。卷积深度越大,所获得输入特征的准确性越高。通常设置的卷积深度应随着网络层数逐渐增加。

3. 卷积步长与填充方式

卷积层的卷积步长与填充方式直接决定了卷积操作后特征图的大小。假设原始图像大小为 $n\times n$(其中 n 为像素值),卷积核大小为 f,步长大小为 s,则卷积操作后特征图大小 $m\times m$,其关系如式(5-5)所示。如图 5-1 所示,输入图像为 6×6,卷积核为 3×3,步长为 1,则获得的特征图大小为 4×4,即 $(6-3)/1+1=4$。

$$m=\frac{n-f}{s}+1 \tag{5-5}$$

由式(5-5)可知,图像在经过卷积操作后,其特征图的大小相对原始图像会发生变化。为了控制特征图的大小变化,可以使用 0 填充在原始图像的四周,此即 padding 操作。假设 p 为 0 填充的大小,则填充后特征图大小 m 如式(5-6)所示。由此可知,如果要保持特征图大小和原始图像大小一致,即 $m=n$,则 p 的设置如式(5-7)所示。

$$m=\frac{n-f+2p}{s}+1 \tag{5-6}$$

$$p=\frac{1}{2}(ns-n-s+f) \tag{5-7}$$

假设橙色部分为原始图像,蓝色部分为卷积核,白色部分为填 0。在 PyTorch 中,卷积层的填充有三种模式,分别为 Full、Same、Valid。

① Full 模式表示 $p=f-1$,即将图像四周的 0 填充为 $f-1$ 行,如图 5-3(a) 所示。

② Same 模式表示 $p=\frac{1}{2}(ns-n-s+f)$,即特征图和原始图像的大小一致,如图 5-3(b)所示。

③ Valid 模式表示 $p=0$。

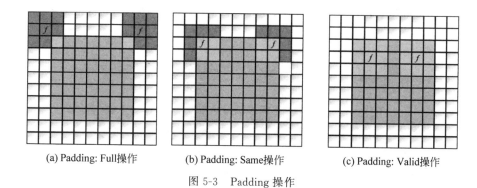

(a) Padding: Full操作　　(b) Padding: Same操作　　(c) Padding: Valid操作

图 5-3　Padding 操作

5.1.3　池化层

池化层也称子采样层,其目的有三点:①降低信息冗余;②提升模型的尺度不变性和旋转不变性;③防止过拟合。

池化层操作可以理解为在采样区内选择或生成一个最具代表性的元素作为下一层的输入。根据选择或生成方式的不同,池化层常见的操作有最大值池化、均值池化、随机池化、中值池化、组合池化,等等。图 5-4 所示为最大值池化(max pooling),池化层的池化核为 2×2。通过最大值池化,其将在 2×2 的子采样区内分别选择最大值传入下一层,使得特征图的维度降低。

图 5-4　最大值池化操作示意图

池化层的采样尺寸需要根据实际需求调整,尺寸太大会影响模型的精度。池化层通常位于卷积层后,其参数除池化核大小外,也同样有池化步长与填充方式,其原理与卷积层相同,此处将不再赘述。

5.1.4　其他卷积方式

除了最常见的卷积层之外,还有其他卷积方式同样可以实现各种功能的卷积计算,提升其效能。

1. 转置卷积

转置卷积也称为反卷积。在常规卷积操作中,输入图像经卷积操作后往往会得到一组维度较低的特征图。转置卷积则相反,它可由维度较低的特征图获得特征较高的特征图,如图5-5所示。因此,转置卷积主要完成从低维特征向高维特征映射的任务。

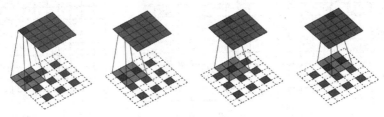

图5-5 转置卷积

假设一个5维向量 x,经过大小为3的卷积核 $w=(w_1,w_2,w_3)$ 进行卷积操作,得到3维向量 z,则卷积操作如式(5-8)所示。其中 C 是稀疏矩阵,其非0元素来自于卷积核 w。

$$z = \begin{bmatrix} w_1 & w_2 & w_3 & 0 & 0 \\ 0 & w_1 & w_2 & w_3 & 0 \\ 0 & 0 & w_1 & w_2 & w_3 \end{bmatrix} x$$
$$= Cx \tag{5-8}$$

转置卷积的操作可以看作是对上述操作的转置。假设要实现3维向量 z 向5维向量 x 的映射,则可以写成如式(5-9)所示的公式。因此卷积操作和转置卷积操作是形式上的转置关系。

$$x = C^T z \tag{5-9}$$

2. 空洞卷积

对于一个卷积层,如果要提升输出单元的感受野,则一般可以通过增加卷积核大小、增加网络层数等方法来实现。然而,上述的操作增加了网络参数的数量。空洞卷积是一种不增加参数数量,但同时又能增加输出单元感受野的一种方法。

空洞卷积通过在卷积核中插入"空洞"来变相增加感受野的大小。假设在每两个元素中增加 $k-1$ 个空洞,则其卷积核有效大小如式(5-10)所示。其中 m 为常规卷积核的有效大小;k 为膨胀率。

$$m' = m + (m-1) \times (k-1) \tag{5-10}$$

如图5-6所示,其中暗红色表示卷积核的区域。图5-6(a)是常规卷积核,卷积核大小为3像素。如果 k 为2,则该空洞卷积核有效大小为5像素,如图5-6(b)所示。如果 k 为3,则该空洞卷积核有效大小为7像素,如图5-6(c)所示。

3. 可变形卷积

卷积操作的几何结构是固定的,一般均为"方块"形式的结构。可变形卷积可以通过改变卷积核的形状,在每个采样点位置均增加一个偏移变量,使之实现对当前位置附近的采样,使之不再局限为传统的"方块"结构。

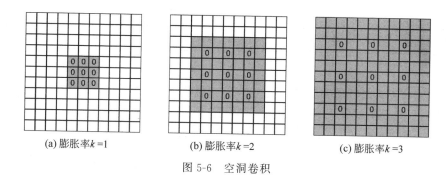

图 5-6 空洞卷积

可变形卷积中的偏移量也是网络结构的一部分,其需要通过 BP 算法学习得到,以适应图像中不同物体的形状和大小等几何特征。可变形卷积核的大小和位置可根据当前需要识别的图像内容进行动态调整,以关注重点区域,使之可以有效地提取特征。图 5-7 展示了卷积核大小为 3×3 的常规卷积和可变形卷积的采样方式。图 5-7(a)为常规卷积;图 5-7(b)为可变形卷积。可变形卷积在常规卷积的采样坐标上加上一个位移量,如图中箭头所示,形成新的采样点。

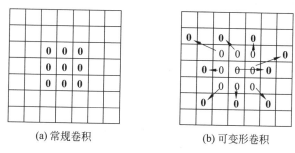

图 5-7 可变形卷积

5.2 经典卷积神经网络模型

本节主要介绍几种经典的卷积神经网络及其结构。

5.2.1 LeNet-5 网络

LeNet-5 是最早成功商用的卷积神经网络模型,其在 20 世纪 90 年代被用于支票上的手写数字识别。LeNet-5 网络的结构如表 5-1 所示,其总共包含三个卷积层、两个池化层和两个全连接层(表中 C 代表卷积层,S 代表池化层,F 代表全连接层)。

表 5-1 LeNet-5 网络结构

层名称	类型	卷积深度	卷积核大小（像素）	输出大小（像素）	步长	激活函数
输出层	全连接层	—	10	—	—	RBF
F6	全连接层	—	84	—	—	Tanh
C5	卷积层	120	1×1	5×5	1	Tanh
S4	池化层	16	5×5	2×2	2	Tanh
C3	卷积层	16	10×10	5×5	1	Tanh
S2	池化层	6	14×14	2×2	2	Tanh
C1	卷积层	6	28×28	5×5	1	Tanh
输入层	输入层	1	32×32	—	—	—

由于 MNIST 手写数据集的输入为 28×28，因此，可对该数据采用 0 填充的方式将其变换为 32×32 像素，同时在该网络中的其他层，不再使用其他的填充方式。该网络采用平均池化的方式，并在每个卷积层后面都存在一个池化层。其中 C5 层的输入为 5×5，其卷积大小也为 5×5，故可看作为全连接层。输出层采用径向基函数（RBF）函数实现，可实现对手写数字的分类。

5.2.2 VGG 网络

VGG 网络（Visual Geometry Group Network，也称为 VGGNet）是由牛津大学计算机视觉团队和 Google DeepMind 公司联合提出的深度卷积神经网络，并在 2014 年的 ILSVRC 比赛中获得第二名。VGGNet 使用相同大小的卷积核尺寸（3×3）和最大池化尺寸（2×2），通过不断加深网络结构来提升性能。VGGNet 的泛化性能很好，至今仍然广泛用于其他图像识别的任务中，如目标检测、图像分割等领域的很多卷积神经网络均以该网络为基础。

VGGNet 网络包含很多级网络，如常用的 VGGNet-16 和 VGGNet-19。VGG 网络使用 Multi-Scale 方法做数据增强，通过将图片缩放到不同的尺寸，然后再随机剪裁到 224×224 的大小，然后取不同尺寸的平均值作为最后结果，提高了图片数据的利用率。

5.2.3 Inception V3 网络

Inception V3 网络是由 Google 开发的深度卷积神经网络 InceptionNet 的第三个版本，其首次亮相是在 2014 年的 ILSVRC 比赛中，其以 top5 误差 6.67% 的成绩取得了冠军。Inception V3 网络引入了将大卷积分解成小卷积的方法，例如将两个 3×3 卷积级联起来代替一个 5×5 卷积，7×7 卷积可以拆成 1×7 卷积和 7×1 卷积等以减少网络中的参数，增加网络层数，进而提升网络的预测精度。

5.2.4 ResNet 网络

ResNet 是由何凯明等提出的,其以 top5 误差 3.6% 的图像识别记录获得 2015 年 ILSVRC 比赛冠军。ResNet 是革命性的网络,其使用残差单元成功训练出了 152 层的神经网络结构,使得卷积神经网络真正具有了"深度"。

ResNet 的残差模块为解决深度学习中的"梯度弥散"问题提供了很好的思路。残差模块如图 5-8 所示,其通过给非线性卷积层增加直连边(shortcut)的方式以提高信息的传播效率。假定输入为 x,期望输出为 $H(x)$,那么此时残差网络需要学习的目标即为 $F(x)=H(x)-x$,因此,残差单元不是学习完整输出 $H(x)$,而是学习其输出和输入的差值 $F(x)$,即残差。

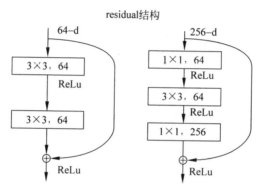

图 5-8 ResNet 网络中的残差模块结构

5.2.5 DenseNet 网络

DenseNet 模型来自于 ResNet 的改进。不同于残差网络增加直连边的方式,DenseNet 会建立前面所有层与后面所有层的密集连接,进而实现特征的重用。假设对于第 l 层,其变换可以用式(5-11)所示。$H_l(\cdot)$ 代表当前层非线性变换组合,包括卷积层、池化层、激活函数等。此处需要注意的是,第 l 层和 $l-1$ 层之间实际可能包含多个卷积层,如图 5-9 所示。

$$x_l = H_l([x_0, x_1, \cdots, x_{l-1}]) \tag{5-11}$$

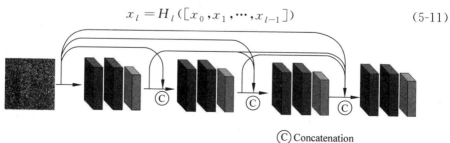

ⓒ Concatenation

图 5-9 DenseNet 网络结构

5.3 基于细粒度模型的工业产品表面缺陷检测方法

5.3.1 细粒度图像分类

细粒度图像分类(Fine-grained Image Classification)是机器视觉领域一项重要的研究内容。不同于一般目标对象属于粗粒度的图像分类任务,细粒度图像分类是针对大类下的子类的,如图 5-10 所示。由于各子类之间视觉图像十分相似,只存在微小的局部差异,因此细粒度图像分类相较于普通图像分类任务难度更大。

图 5-10 通用图像分类与细粒度图像分类

早期细粒度图像分类方法都是基于人工特征的算法。然而,由于人工特征表述能力有限,其分类效果有一定的局限性。随着深度学习的发展,卷积神经网络凭借其优异的自动特征提取能力在细粒度图像分类领域得到大量的应用。

针对工业产品表面缺陷的数据样本存在细粒度、小样本等特点,因此,本章将提出基于细粒度的表面缺陷检测模型,并采用注意力机制实现对工业产品表面缺陷部位的定位。

5.3.2 注意力机制

注意力机制的基本思路是在忽略无关信息的同时关注重点区域的信息。注意力机制与深度学习的结合大多基于掩码(mask)。掩码通过生成一层新的权重,将图像数据中的关键特征标识出来,进而促使深度学习模型学习图片中重点关注的区域。如图 5-11 所示为 PCB 图像数据中的缺陷识别。通过注意力机制,细粒度分类网络可以识别其中的关键性区域,实现对有缺陷部位的聚焦,进而可以提高检测精度。

约定通过卷积神经网络提取的图像特征为 $F \in \mathbf{R}^{H \times W \times N}$,其中 H、W、N 分别代表特征层的高度、宽度与通道数。在上述特征层增加 1×1 的卷积运算,获得其注意力层 $A \in \mathbf{R}^{H \times W \times M}$,如式(5-12)所示。$A_k \in \mathbf{R}^{H \times W}$ 为注意力地图,表示一类

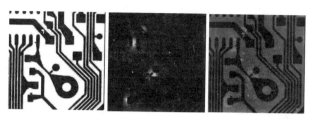

图 5-11　PCB 数据集中的缺陷：分别为原始图片、注意力图和注意力热力图

关键特征部位，M 为注意力地图数量，$f(\cdot)$ 为卷积操作。

$$A = f(F) = \bigcup_{k=1}^{M} A_k \tag{5-12}$$

5.3.3　基于细粒度的表面缺陷检测方法

基于细粒度的表面缺陷检测方法(FG-SDD)如图 5-12 所示。该方法分为三部分，分别是特征提取模块、数据增强模块和特征融合模块。

（1）特征提取模块。该模块主要用于提取图像的数据特征和注意力地图。在该模块中，首先采用自动数据增强的方法对图像样本进行数据增强。然后采用预训练好的 Inception V3 网络作为特征提取网络来提取图像的数据特征。最后，获得图像特征层和注意力地图。

（2）数据增强模块。该模块的数据增强功能基于注意力地图，采用注意力地图引导数据进行增强，具体包括注意力裁剪和注意力下降两个步骤。增强数据和原始数据将一起输入到特征提取部分进行训练。

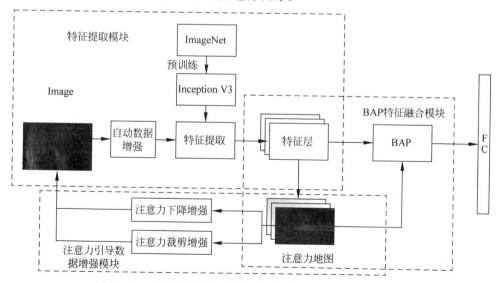

图 5-12　基于细粒度的表面缺陷检测模型的整体网络架构

（3）特征融合模块。该模块采用双线性注意力池化（Bilinear Attention Pooling，BAP）将注意力地图和数据特征进行融合，使得模型聚焦于关键部位后，输送至链接 FC 层和 Softmax 层得到最终的分类结果。

下面将对其中自动特征增强、注意力引导的特征增强与 BAP 特征融合模块进行介绍。

(1) 自动特征增强方法

自动数据增强是一种利用自动搜索过程来搜索最优数据增强策略的方法，其首先需创建包含数据增强策略的搜索空间，然后使用强化学习作为搜索算法来寻找最佳数据增强策略，最后在数据集上评估所选策略的质量。由于自动数据增强策略具有可迁移性，且无需额外数据进行预先训练、微调权重，因此本节将在 ImageNet 数据集上预训练学到的最优策略并直接迁移到工业表面缺陷数据集上，对模型输入的图片样本进行数据增强操作。

(2) 注意力引导数据增强模块

注意力引导数据增强可以促使特征增强算法专注于关键区域，进而提高特征增强的效果，其结构如图 5-13 所示。针对每个样本，在获得其注意力地图后，从 M 组注意力地图中随机选择一组 A_k，进行归一化操作，如式(5-13)所示。后续的注意力裁剪和注意力下降模块均基于 A_k 进行操作。

$$A_k^* = \frac{A_k - \min_k\{A_k\}}{\max_k\{A_k\} - \min_k\{A_k\}} \tag{5-13}$$

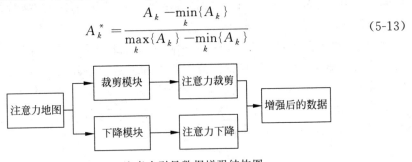

图 5-13 注意力引导数据增强结构图

① 注意力裁剪。在注意力裁剪方法中，设定阈值 θ，使得注意力层 A_k^* 中的大于该阈值的元素设置为 1，其余元素设置为 0，如式(5-14)所示。然后，搜索一个框 B 使其覆盖 C_k 区域，并将其放大至输入数据大小，进而更好地探索关键部位的特征。

$$C_k(i,j) = \begin{cases} 1, & \text{若 } A_k^*(i,j) > \theta_c \\ 0, & \text{否则} \end{cases} \tag{5-14}$$

② 注意力下降。注意力下降与注意力裁剪方法相反，其将注意力层 A_k^* 中小于阈值的元素设为 1，其他元素设为 0，如式(5-15)所示。该方法主要为了避免注意力关注同一物体的同一部分，导致形成过拟合，因此注意力下降鼓励算法探索图像其他部分的辨识性特征，进而提高分类结果的鲁棒性和准确性。

$$D_k(i,j) = \begin{cases} 0, & \text{若 } A_k^*(i,j) > \theta_c \\ 1, & \text{否则} \end{cases} \quad (5\text{-}15)$$

(3) BAP 特征融合模块

BAP 特征融合模块基于注意层和特征层以获得特征映射。BAP 通过将注意力层与特征层进行元素级相乘后得到关键部位的数据特征,并采用全局最大池化(Global Maximum Pooling,GMP),得到一组特征向量 p,输入全连接层进行最终细粒度的分类,如式(5-16)所示。

$$p = \begin{pmatrix} g(F \cdot A_1) \\ g(F \cdot A_2) \\ \vdots \\ g(F \cdot A_k) \end{pmatrix} = \begin{pmatrix} f_1 \\ f_2 \\ \vdots \\ f_k \end{pmatrix} \quad (5\text{-}16)$$

5.3.4 表面缺陷检测应用案例

本节的案例介绍分为 3 个数据集,涵盖 Deep PCB 表面缺陷数据集、钢材表面缺陷数据集和 DAGM 数据集。

1. 数据集介绍

(1) Deep PCB 表面缺陷数据集。该数据集包含 3 000 张 PCB 图像,其中缺陷照片 1 500 张,无缺陷照片 1 500 张。该数据集中的所有图像来自线性扫描 CCD 相机,分辨率约为每 1mm 48 个像素。每张图像大小是 640×640 像素,如图 5-14 所示为两组图片。每组图片的左边为有缺陷图像,右边为无缺陷图像。

图 5-14 PCB 数据集图像

(2) 钢材表面缺陷数据集为 NEU-CLS 数据集,是热轧带钢的表面缺陷。该数据集包含热轧钢带的 6 种典型表面缺陷,分别为 Rolling scale(RS)、Plaque(Pa)、Cracking(Cr)、Pitting surface(PS)、Inclusions(In)和 Scratches(Sc)。该数据集共包括 1 800 张图像,每一类缺陷包含 300 个样本,每个样本图像大小为 200×200 像素,如图 5-15 所示,图示缺陷样本分别为 RS、Pa、Cr、PS、In、Sc 类别。

(3) DAGM 数据集共包含 6 个子类数据集。每个子类数据集包含了不同纹理背景上的缺陷样本。每个子类包含 1 000 张无缺陷背景纹理图像与 150 张有缺陷的图像。每个图像大小为 512×512 像素。该数据集中 6 个子类数据集的缺陷图像如图 5-16 所示。

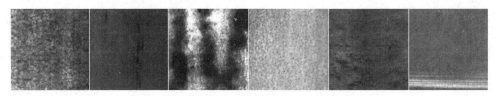

图 5-15　钢材表面缺陷数据集图像

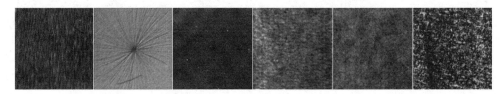

图 5-16　DAGM 数据集的六种原始缺陷图像

2. 实验结果与分析

本章选用在 ImageNet 数据集上预训练的 Inception V3 作为细粒度模型的特征提取网络。选择 SGD 作为优化器,动量为 0.9,epoch 为 160,权重衰减为 0.000 1,mini-batch 为 6,M 为 32。模型性能评价采用准确度(accuracy)衡量本章所提的 FG-SDD 方法的性能。

1) Deep PCB 数据集的实验结果

FG-SDD 在 Deep PCB 数据集与其他方法的结果比较如表 5-2 所示。FG-SDD 的准确率为 99.7%,而 HOG+SVM、LBP+SVM、ALexNet+SVM 分别为 40.4%、56.2%、91.7%。FG-SDD 略优于 DD-DFL 的 99.6%。上述结果验证了所提方法在 Deep PCB 数据集上的有效性。图 5-17 展示了注意力地图层数 M。从图中可见,当 M 值较低时(如 16),FG-SDD 的准确率有一定下降。但是当 M 高于 32 时,其值便趋于稳定,最终 M 在 64 时 FG-SDD 性能最优。图 5-18 展示了 FG-SDD 的注意力地图,分别为样本原图、注意力地图、注意力热图,其中注意力热图是原图和注意力地图的融合形式。从图中可以看出,FG-SDD 能有效从原图中提取出缺陷的位置,实现对其中辨识性区域特征的提取,进而提升其有效性。

表 5-2　FG-SDD 与其他方法在 Deep PCB 数据集上的比较

方　　法	检测精度/%
HOG+SVM	40.4
LBP+SVM	56.2
AlexNet+SVM	91.7
DD-DFL	99.6
FG-SDD	99.7

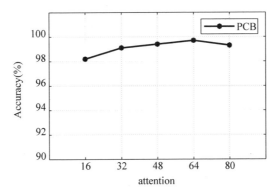

图 5-17　在 Deep PCB 数据集不同 M 对 FG-SDD 算法性能的影响

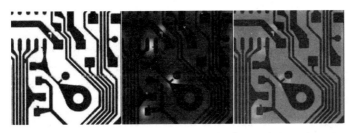

图 5-18　FG-SDD 在 Deep PCB 数据集的注意力地图

2）NEU-CLS 数据集的实验结果

在 NEU-CLS 数据集上，FG-SDD 与其他方法的结果比较如表 5-3 所示。FG-CPD 取得了 100% 的准确率，明显优于其他方法。图 5-19 显示了不同的注意力地图层数 M 对 FG-SDD 的影响。可以看出，不同注意力地图层数会导致 FG-SDD 模型的准确率不同。M 设置为 16 时 FG-SDD 的性能最低。随着 M 的增加，FG-SDD 模型准确率也随之升高。当 M 为 64 时 FG-SDD 模型准确率达到最优。图 5-20 展示了在该案例下 FG-SDD 所提取的注意力图。从图中可以看出，FG-SDD 在该数据集上也得到了良好的识别效果，验证了其有效性。

表 5-3　FG-SDD 与其他方法在 NEU-CLS 数据集上的比较

方　　法	检测精度/%
GAN	99.6
VGG16	93.2
SDC-SSL	99.0
GDL-ASI	92.0
CNN	95.0
FG-SDD	100

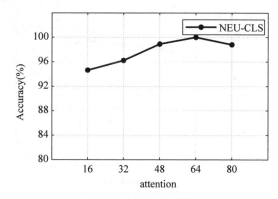

图 5-19 在 NEU-CLS 数据集不同 M 对 FG-SDD 算法性能的影响

图 5-20 FG-SDD 在 NEU-CLS 数据集的注意力地图

3) DAGM 数据集的实验结果

FG-SDD 在 DAGM 数据集 6 个子类数据集准确率的平均值与其他方法的结果比较如表 5-4 所示。在该数据集上,Deep CNN、SDD-CNN、Statistical features、FCN 的平均准确率分别为 99.2%、98.6%、96.0%、98.2%,而 FG-SDD 模型的准确率为 99.5%。如图 5-21 所示,注意力地图层数 M 对 FG-SDD 的结果有很大影响。随着 M 的增加,FG-SDD 的准确率从 94% 提升至 99.5%,有明显的提升。当 M 为 64 时,FG-SDD 的准确率最优,达到 99.50%。图 5-22 展示了 FG-SDD 在 DAGM 数据集第 3 个子类上所提取的注意力图,该结果进一步验证了 FG-SDD 的有效性。

表 5-4 与其他方法在 DAGM 数据集上的比较

方法	检测精度/%
Deep CNN	99.2
SDD-CNN	98.6
Statistical features	96.0
FCN	96.0
FG-SDD	99.5

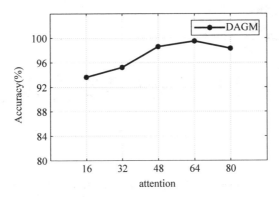

图 5-21 在 DAGM 数据集不同 M 对 FG-SDD 算法性能的影响

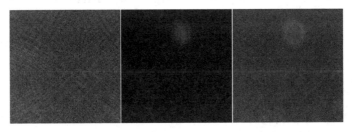

图 5-22 FG-SDD 在 DAGM 数据集的注意力地图

5.4 习题

1. 简述卷积神经网络的特点。
2. 采用 PyTorch 编写任意一个卷积神经网络模型训练 MNIST 数据集。
3. 比较 ResNet 和 DenseNet 的优缺点。
4. 描述细粒度分类的特点。

第6章

循环神经网络及其应用示例

循环神经网络(Recurrent Neural Network,RNN)是一类处理时间序列数据的神经网络,被广泛地应用于语音识别、语言模型等自然语言处理任务中,也被用于处理各类时间序列问题。本章主要介绍循环神经网络的结构,用 Keras 实现并将其应用于健康程度评估中。在该方法中,采用了自动机器学习来实现对循环神经网络中模型结构和训练过程中超参数的自动寻优,以提高健康程度评估方法的有效性和准确性。

6.1 循环神经网络

RNN 是一类以序列数据为输入,在序列的演进方向进行递归且所有节点(循环单元)按链式连接的递归型神经网络。RNN 中每个序列当前的输出与前面的输出也有关,RNN 也因此被称作循环神经网络。RNN 具有短期记忆能力,对时间序列数据非常有效。在 RNN 中,神经元不仅接受其他神经元的信息,还接受自身的信息,形成具有环路的网络结构,如图 6-1 所示。其中 $X=(x_1,x_2,\cdots,x_T)$ 是时间序列输入,H 为中间层状态,O 是输出层。

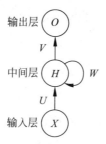

图 6-1 循环神经网络示例

其中 U、V、W 分别为循环神经网络的权重参数,U 是输入层到中间层的权重矩阵,V 是中间层到输出层的权重矩阵,W 是中间层上一次的值作为这一次输入的权重,因此当前时刻的中间层总会受到上一时刻中间层的影响。设 f 为中间层激活函数,b 为偏置,在时刻 t 时,中间层状态 h_t 和输入 y_t 分别如式(6-1)、式(6-2)

所示。如果将 RNN 按照时间维度展开,如图 6-2 所示,则 RNN 可以看作在时间维度上权值共享的神经网络,即 U、V、W、b 在所有时间维上均是一样的。RNN 的训练方法为随时间反向传播(BPTT)算法,是采用类似前馈神经网络的反向传播算法来进行计算的。

$$h_t = f(Ux_t + Wh_{t-1} + b) \tag{6-1}$$

$$y_t = Vh_t \tag{6-2}$$

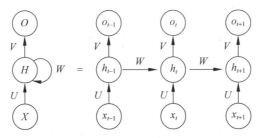

图 6-2　按时间维度展开的循环神经网络

虽然 RNN 被设计成可以处理任意长度的时间序列数据,但是其记忆最深的依然是最后输入的信号,而之前输入的信号强度则会越来越低。因此 RNN 难以建模长距离的依赖关系,成为长期依赖问题(Long-Term Dependencies Problem)。

为了解决上述问题,有学者提出了基于门控的循环神经网络。本节主要介绍其中最常用的两种网络,即长短期记忆网络和门控循环单元网络。

6.1.1　长短期记忆网络

长短期记忆网络(Long Short Term Memory,LSTM)是一种时间循环神经网络,是为了解决一般的循环神经网络(RNN)存在的长期依赖问题而专门设计出来的。LSTM 引入了新的内部状态 C_t 专门用于循环信息传递,同时引入了门机制来控制信息传递的路径。典型的 LSTM 网络结构如图 6-3 所示,其中 f_t、i_t、o_t 分别表示遗忘门、输入门和输出门。由于独特的设计结构,LSTM 适合于处理和预测时间序列中间隔和延迟非常长的重要事件。

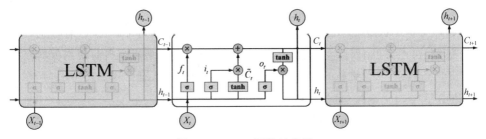

图 6-3　LSTM 网络示意图

遗忘门 f_t 控制上一时刻的内部状态 C_{t-1} 遗忘多少信息,输入门控制当前时刻的候选状态 $\widetilde{C}_t$ 保存多少信息,输出门控制内部状态 C_{t-1} 输入多少给外部状态 h_t。三个门控单元的计算方式分别如式(6-3)、式(6-4)、式(6-5)所示。其中 σ 是 Sigmoid 函数,W_f、b_f、W_i、b_i、W_o 和 b_o 分别为网络权重和偏置。

$$f_t = \sigma(W_f \cdot [h_{t-1}, x_t] + b_f) \qquad (6\text{-}3)$$

$$i_t = \sigma(W_i \cdot [h_{t-1}, x_t] + b_i) \qquad (6\text{-}4)$$

$$o_t = \sigma(W_o \cdot [h_{t-1}, x_t] + b_o) \qquad (6\text{-}5)$$

在输入门中计算候选状态 $\widetilde{C}_t$,用于更新内部状态。候选状态通过非线性函数获得,如式(6-6)所示,其中 W_C 和 b_C 为网络权重和偏置。

$$\widetilde{C}_t = \mathrm{Tanh}(W_C \cdot [h_{t-1}, x_t] + b_C) \qquad (6\text{-}6)$$

LSTM 的内部状态和外部状态的更新分别如式(6-7)和式(6-8)所示。* 是向量元素的乘积。由此可见,遗忘门、输入门控制了内部状态的更新,而输出门控制了外部状态的更新。

$$C_t = f_t * C_{t-1} + i_t * \widetilde{C}_t \qquad (6\text{-}7)$$

$$h_t = o_t * \mathrm{Tanh}(C_t) \qquad (6\text{-}8)$$

RNN 中外部状态 h 存储了历史信息,因此可以看作是一种记忆(Memory)。由于 h 在每个时刻都会被更新,因此可以看作短期记忆。而 LSTM 的内部状态 C 可以在某个时刻捕捉到关键信息,并将其保存一定时间间隔,其保存信息的生命周期长于短期记忆 h,故称为长的短期记忆(Long Short Term Memory)。

6.1.2 门控循环单元网络

门控循环单元(Gated Recurrent Unit,GRU)是 2014 年提出的一种比 LSTM 更加简单的循环神经网络。GRU 也是基于门控机制的。如式(6-7)所示,LSTM 中的遗忘门、输入门共同控制内部状态,是互补关系。GRU 将他们合并成一个新的门结构,即更新门。同时,GRU 没有引入额外的记忆单元,而是直接建立 h_t 和 h_{t-1} 的依赖关系。GRU 的网络示意图如图 6-4 所示。

重置门 $r_t \in [0,1]$ 和更新门的计算方式分别如式(6-9)、式(6-10)所示。重置门用来控制候选状态 $\widetilde{h}_t$ 的计算是否依赖于上一时刻的状态 h_{t-1}。当前时刻的候选状态 $\widetilde{h}_t$ 如式(6-11)所示。GRU 的更新门 $z_t \in [0,1]$ 用来控制当前状态保存了多少历史状态信息,以及更新的新信息。因此,GRU 网络的状态更新如式(6-12)所示。

$$r_t = \sigma(W_r x_t + U_r h_{t-1} + b_r) \qquad (6\text{-}9)$$

$$z_t = \sigma(W_z x_t + U_z h_{t-1} + b_z) \qquad (6\text{-}10)$$

$$\widetilde{h}_t = \mathrm{Tanh}(W_h x_t + U_h (r_t \cdot h_{t-1}) + b_h) \qquad (6\text{-}11)$$

$$h_t = z_t \cdot h_{t-1} + (1 - z_t) \cdot \widetilde{h}_t \qquad (6\text{-}12)$$

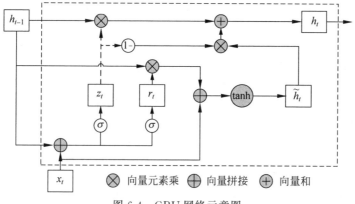

图 6-4 GRU 网络示意图

当 $r_t=0$ 时,候选状态 $\tilde{h}_t$ 只与当前输入 x_t 相关,和历史状态 h_{t-1} 无关。当 $r_t=1$ 时,候选状态 $\tilde{h}_t$ 与当前输入 x_t 和历史状态 h_{t-1} 相关,其形式为 $\tilde{h}_t = \text{Tanh}(W_h x_t + U_h h_{t-1} + b_h)$,和 RNN 中的式(6-1)一致。

当 $z_t=0$ 时,当前状态 h_t 和历史状态 h_{t-1} 相关;若 $z_t=0$ 且 $r_t=1$ 时,GRU 网络即退化为 RNN 网络;若 $z_t=0$ 且 $r_t=0$ 时,当前状态 h_t 只和当前输入 x_t 相关,和历史状态 h_{t-1} 无关;当 $z_t=1$ 时,当前状态 h_t 等于历史状态 h_{t-1},和当前输入 x_t 无关。

6.1.3 案例介绍

为了说明上述循环神经网络的效果,本案例采用航班乘客预测案例对上述案例进行说明。该数据集的数据如图 6-5(a)所示,其中横坐标表示数据点,纵坐标表示该时间点下的乘客数。

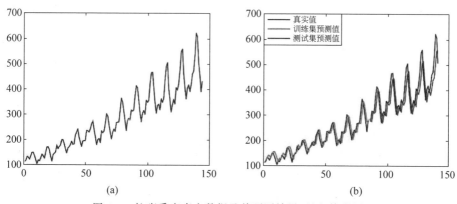

图 6-5 航班乘客真实数据及其预测效果(见文前彩图)

该案例如图 6-6 的行 54 所示,首先在 Keras 模型中采用 LSTM 函数构建一个 LSTM 模型,其第一个参数为该 LSTM 中间层单元数,输入的维度为 1,其中 look_ back 表示用多少个历史数据预测当前值,在该案例中也被设置为 1。

```
54  model = Sequential()
55  model.add(LSTM(4, input_shape=(1, look_back)))
56  model.add(Dense(1))
57  model.compile(loss='mean_squared_error', optimizer='adam')
58  model.fit(trainX, trainY, epochs=100, batch_size=1, verbose=2)
```

图 6-6 Keras 搭建 LSTM 模型

在该 LSTM 模型后增加一个输入为 1 的 Dense 网络以预测最终的值,然后对该模型进行训练,并得到最终的效果。如图 6-5(b)所示为该模型的预测效果。可以发现,LSTM 能较好地对航班乘客进行预测,其预测趋势虽略有滞后,但整体预测趋势和实际乘客的人数变化基本相符,这一结果验证了所提方法的有效性。

6.2 自动机器学习

虽然近十年来机器学习的应用和研究都得到了爆发式增长,尤其是深度学习在大量领域中取得了许多关键性的突破。然而,大多数机器学习方法的性能在很大程度上依赖于模型结构设计和对其的超参数选择,这给新手和其他领域研究人员掌握和应用机器学习带来了困难。在深度学习方面也是如此,深度学习的良好性能同样需要很好地选择和设计网络结构、学习过程、正则化方法及其超参数等。不仅如此,随着学习任务的不同,工程师需要重复上述设计和选择过程。即使是专家,在特定数据集上也需要多次迭代试错才能找到一组良好的深度学习模型及其超参数配置。

自动机器学习(Automated Machine Learning,AutoML)旨在以数据驱动和自动化的方式使用机器学习方法,将机器学习涉及的数据预处理、特征工程、模型选择和超参数优化等模块实现串联结合,并通过某种规则让机器学习实现自动化,从而让使用者更多地专注于其他更具创造性的工作。目前,自动机器学习已经逐渐成熟,在部分领域已经展现出超越人类机器学习专家的能力。自动机器学习主要包含超参数优化、元学习、神经网络架构搜索三个方面。本章主要涉及超参优化的内容。

6.2.1 超参数优化问题

所有机器学习/深度学习模型基本上都有超参数,因此实现自动超参数设置以获得最优的机器学习/深度学习算法性能已经成为自动机器学习领域最基础和最重要的任务之一。约定机器学习算法 A 有 N 个超参数需要优化,第 n 个超参数的定义域为 Λ_n,则其整个超参数配置空间为 $\Lambda = \Lambda_1 \times \Lambda_2 \times \cdots \times \Lambda_N$。采用超参数一组组合配置 $\lambda \in \Lambda$ 实例化的机器学习算法 A 表示为 A_λ。

超参数的定义域类型比较广泛,包含有:

① 实数型,如学习率、正则化值;

② 整数型,如网络层数;
③ 布尔型,如是否使用提前终止策略;
④ 类型变量,如选择何种优化器等。

此外,超参数配置空间还可以是条件型,即当某个/某组超参数取特定值时,另一个超参数才有意义。如优化神经网络结构时,只有当网络层数不小于 i 时,第 i 层的网络超参数才有意义;当选择优化器为带冲量的 SGD 算法,其冲量参数才有意义。在部分超参数优化中,不同数据预处理过程和机器学习算法的选择也被建模为类型超参数,这类问题被称为组合算法选择与超参数优化问题(combined algorithm selection and hyperparameter optimization, CASH)。

超参数优化问题(Hyper-parameter Optimization,HPO)的目标函数如式(6-13)所示。数据集为 D,该数据集被划分为训练集 D_{train} 和验证集 D_{valid}。

$$\lambda^* = \underset{\lambda \in \Lambda}{\arg\min} V(L, A_\lambda, D_{train}, D_{valid}) \tag{6-13}$$

其中 $V(L, A_\lambda, D_{train}, D_{valid})$ 表示算法 A_λ 通过训练数据集 D_{train} 进行训练,在测试数据集 D_{valid} 上验证损失。λ^* 表示获得的最优超参数组合。关于验证方案 V,常用的方法有留出法或者交叉验证法等。

6.2.2 超参数优化方法

虽然超参数优化蕴含的价值很大,但是获得一组良好的超参数组合依然很困难。具体表现在:

(1) 在模型规模较大、机器学习模型复杂或者数据集很大时,目标函数求解的运算量极其巨大;

(2) 超参数的配置空间通常较大且复杂。超参数的种类多(包含实数型、整数型、类别型甚至条件型),且在实际应用中很多超参数无法明确确定其范围,这一现象加大了超参数配置空间的复杂度和优化难度;

(3) 一般无法获得超参数损失函数的梯度值。超参数损失函数也不具备经典优化领域中目标函数的凸性和平滑性等特征,因而无法使用现有的大量经典优化算法。

(4) 受限于训练数据集的规模,在实际应用时无法直接优化超参数的泛化性能。

因此,对于超参数优化问题,一般采用黑盒优化方法。考虑到超参数优化问题的非凸性,在选择算法时更加倾向于选择全局优化算法。本章介绍的超参数优化方法主要分为无模型的黑盒 HPO 方法和黑盒贝叶斯优化方法。

1. 无模型的黑盒 HPO 方法

无模型的黑盒 HPO 方法主要有网格搜索、随机搜索、基于种群的方法等。

(1) 网格搜索(Grid Search,GS)。网格搜索是最基础的 HPO 方法,也称为全因子设计。网络搜索首先依赖使用者指定各超参数取值的有限集合,然后对所有可能的超参数组合进行全部遍历评估,以获得最优超参数组合。因此,网格搜索存在"维数灾难"的难题,其评估次数会随着超参数取值集合的增长呈指数增长。

(2)随机搜索(Random Search,RS)。随机搜索是 Bergstra 和 Bengio 在 2012 年提出的,其需要在配置空间内以随机的方式采样直至指定搜索次数耗尽。当一些超参数的重要性比其他超参数高时(很多超参数空间均存在这种特性),随机搜索的性能优于网络搜索。由于随机搜索没有对超参数优化的机器学习算法做任何限定性假设,因此,在足够计算资源情况下可以足够接近最优值。随机搜索是一个非常有用的基准模型,可以和其他更复杂的搜索策略结合使用,也可以作为其他搜索方法的初始化方法。

(3)基于种群的方法(Population-based Methods)。该方法常用遗传算法、进化算法、粒子群优化算法等方法维护一个种群。一组种群包含一系列个体,每个个体通过编解码与超参数组合映射,因此对种群的操作可以发现更好的超参数组合。这些方法能够处理不同类型的超参数,且可以并行运算。

2. 贝叶斯优化方法

贝叶斯优化方法在 HPO 领域获得大量关注,并在众多机器学习/深度学习任务中取得了很好的效果,如图像分类、语音模型等。贝叶斯优化方法主要包含两个关键步骤,分别为概率代理模型和采集函数。通过上述两个步骤的迭代,实现对超参数的优化。

概率代理模型用于对当前已经生成的超参数组合和目标函数值建立概率模型并进行拟合。采集函数基于概率代理模型的预测分布来评估各分布点的效用潜力,进而实现对下一个待评估点的选取。采集函数会通过最大化待评估点的效用选取最有潜力的待评估点进而实现迭代。同时,采集函数也需要对评估过程中的全局搜索和局部搜索进行平衡。

贝叶斯优化方法一般采用高斯过程来对超参数组合和目标函数值进行建模。高斯函数能很好地处理估计值的不确定性问题,且可对任何目标函数进行建模,具有极大的灵活性。目前已有较多的软件框架支持贝叶斯优化,如 Scikit-optimize、Spearmint 库。实现贝叶斯优化的另一种技术方案是采用随机森林替代高斯过程,如 SMAC 框架等。其采用树形 Parzen 评估(Tree Parzen Estimator,TPE)方法来实现贝叶斯过程也取得了良好的性能。TPE 能较好地处理条件型超参数,其也是 AutoML 框架 Hyperopt 的核心算法。

6.2.3 基于自动机器学习的工件质量符合率预测案例

本案例介绍基于自动机器学习的工件质量符合率预测方法。工件质量符合率预测在制造业中非常重要,因为工件缺陷直接影响产品质量,会给企业造成重大的经济损失。因此,开展工件质量符合率的预测具有重要意义。

本案例为 CCF 大数据与计算智能大赛(CCF Big Data & Computing Intelligence Contest,简称 CCFBDCI)赛题"离散制造过程中典型工件的质量符合率预测"

(https://www.datafountain.cn/competitions/351)。本赛题的主要任务为：由于在实际生产中，同一组工艺参数设定下生产的工件会出现多种质检结果，所以我们针对各组工艺参数定义其质检标准符合率，即定义该组工艺参数生产的工件质检结果分别符合优、良、合格与不合格四类指标的比率。数据集中各类样本数量如表 6-1 所示。

表 6-1 数据集各类样本数量

质量等级	不合格	合格	良	优
样本数量/个	1 826	5 245	3 456	2 407

本案例采用 XGBoost 来实现上述预测模型的构建。XGBoost（eXtreme Gradient Boosting）是由华盛顿大学陈天奇博士在 2017 年提出的树形集成模型。自提出之后，因其优异的性能得到了广泛的应用。本案例所优化的 XGBoost 参数如表 6-2 所示。

表 6-2 XGBoost 超参数

超参数	作用	区间
max_depth	树的最大深度	(3, 10)
reg_alpha	权重的 L1 正则化项	$(1\times 10^{-6}, 10)$
reg_lambda	权重的 L2 正则化项	$(1\times 10^{-6}, 1)$
subsample	控制每棵树对样本量进行随机采样的比例	(0.3, 0.6)
colsample_bytree	控制每棵树对特征量进行随机采样的比例	(0.5, 1)
learning rate	学习率，控制权重更新步长	(0.001, 0.1)
n_estimators	分类器的个数	(200, 700)
booster	哪种 boost 分类器类型	"gbtree"或"dart"

本案例采用 Hyperopt 库[①]实现。在 Hyperopt 中定义上述的 XGBoost 模型的超参数空间如图 6-7 所示，该 space 即为 Hyperopt 的等效形式。对上述的空间采用 RS、Annealing、TPE 等算法进行测试，超参数搜索次数为 50 次。各个算法均运行十次，取其平均值和标准差进行比较，结果如表 6-3 所示。

```
from hyperopt import hp
space={
'max_depth':hp.quniform('max_depth', 3, 10, 1),
'learning_rate':hp.uniform('learning_rate', 0.001, 0.1),
'n_estimators':hp.quniform('n_estimators',200,700,1),
'reg_alpha': hp.uniform('reg_alpha', 1e-6, 10),
'reg_lambda': hp.uniform('reg_lambda', 1e-6, 1),
'subsample': hp.uniform('subsample', 0.3, 0.6),
'colsample_by_tree': hp.uniform('colsample_by_tree', 0.5, 1),
'booster': hp.choice('booster', ['gbtree','dart']),
}
```

图 6-7 超参数优化空间

---

① http://hyperopt.github.io/hyperopt/

表 6-3 基于 TPE 的工件质量符合率预测结果（%）

	平均符合率	均方差
RS	55.292 3	0.087 9
Annealing	55.255 1	0.318 8
TPE	55.318 5	0.032 5

结果显示，TPE 的平均符合率（Mean）达到 55.318 5%，高于 RS、Annealing 等算法，其均方差（Std）为 0.032 5，也均低于 RS、Annealing 等算法。上述结果显示 TPE 在相同的搜索次数时，取得了比 RS 和 Annealing 更优的效果。

6.3 基于超参数优化 LSTM 的锂电池健康程度评估方法

本节拟构建基于 LSTM 的锂电池健康程度评估（State of Health，SOH）方法，并采用自动机器学习对该方法的超参数进行优化。SOH 是电池健康程度性能状态指标，以百分比表征当前电池相对于新电池的存储电能能力。新出厂电池的 SOH 为 100%，完全报废时 SOH 为 0。本节 SOH 的定义采用容量定义，如式（6-14）所示。其中 C_{new} 为电池额定容量，C_{Act} 为电池当前容量。

$$\mathrm{SOH} = \frac{C_{Act}}{C_{new}} \times 100\% \tag{6-14}$$

6.3.1 锂电池数据集

本节采用美国国家航天航空局（NASA）Ames 研究中心和马里兰大学先进寿命周期工程中心（Center for Advanced Life Cycle Engineering，CALCE）公开的数据集建立数据驱动的 LSTM 模型以实现对锂电池 SOH 预测。

（1）NASA 电池数据集：该数据采用 18650 锂离子电池，在室温 24℃下，通过反复充放电运算得出。本节使用了其中 B5、B6 和 B7 电池的充放电数据，三个电池的充电操作是以 1.5A 的恒定电流充电至 4.2V，然后继续以恒定电压充电，直到充电电流达到 20mA。放电操作是 2A 恒流放电，直到终端电压降到阈值。B5、B6 和 B7 的阈值分别为 2.7V、2.5V 和 2.2V。

（2）CALCE 电池数据集：该数据集的锂离子电池包含 INR-18650-20R、A123、CS2、CX2、K2 等。本节使用 CS2 型电池，其中包括 CS2_35、CS2_36、CS2_37、CS2_38 等锂电池的数据。四节电池的充电操作是以 0.55A 的恒流充电至 4.2V，放电操作为 1.1A 的恒流放电，直至电压降至 2.7V。

6.3.2 特征构造与选择

针对锂离子电池充电过程中测得的电压曲线,从中构造了 9 个特征用以预测锂离子当前的 SOH。该特征定义如图 6-8 所示,第 1 个特征为曲线初始值,为 F_1;第 2~5 个特征为被测电压分别达到 3.85V、3.92V、4.025V 和 4.2V 时的充电时间,分别标记为 F_2、F_3、F_4、F_5;第 6~9 个特征为四个充电时间间隔内的电压与时间的积分,反应电源的供电情况,分别标记为 F_6、F_7、F_8、F_9。这 9 个特征的数学表达式如式(6-15)所示。

$$\begin{aligned}
F_1 &= V(0) \\
F_2 &= \min t, \quad \text{s.t. } V(t) \geqslant 3.85 \\
F_3 &= \min t, \quad \text{s.t. } V(t) \geqslant 3.92 \\
F_4 &= \min t, \quad \text{s.t. } V(t) \geqslant 4.025 \\
F_5 &= \min t, \quad \text{s.t. } V(t) \geqslant 4.2 \\
F_6 &= \int_0^{F_2} V(t) \mathrm{d}t \\
F_i &= \int_{F_{i-5}}^{F_{i-4}} V(t) \mathrm{d}t, \quad i = 7, 8, 9
\end{aligned} \tag{6-15}$$

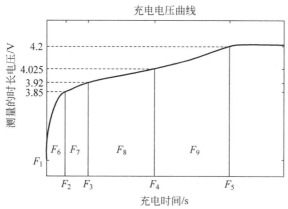

图 6-8 B5 锂离子电池第一个充电周期的充电电压曲线

6.3.3 基于长短期记忆网络的锂电池健康状态预测方法

本节采用时间序列的方式来预测锂电池的 SOH。假设输入样本为 $X_t = (x_{1,t}, x_{2,t}, \cdots, x_{9,t})$,其中 $t = 1 \cdots \text{timesteps}$,符号 timesteps 为预测 SOH 的时间长度。本节所采用的网络结构如图 6-9 所示,该网络包含上述包含时间维度的电池特征为输入 1,上次充放电阶段的 SOH_{t-1} 为输入 2。

在该模型中,输入 1 需要经过 LSTM 网络并得到各个时间阶段的状态值 h_i。

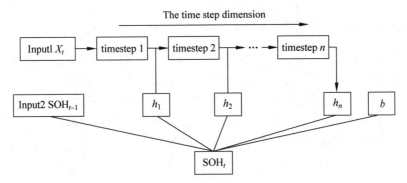

图 6-9　B5 锂离子电池第一个充电周期的充电电压曲线

该 h_i 值与输入 2，偏置 b 共同预测当前的 SOH_t。该模型的评价指标采用均方根误差（Root Mean Square Error，RMSE）指标。在训练过程中，采用了 holdout 方法，将数据集分为训练集、验证集和测试集。约定 SOH_i^{act} 和 SOH_i^{pre} 分别表示 SOH 的真实值和预测值。RMSE 的定义如式（6-16）所示。

$$\mathrm{RMSE} = \sqrt{\frac{1}{n}\sum_{j=1}^{n}(\mathrm{SOH}_i^{act} - \mathrm{SOH}_i^{pre})^2} \qquad (6\text{-}16)$$

在该模型中，需要优化的超参数为

① LSTM 的时间步数 timesteps；

② LSTM 单元数 units；

③ 9 个特征的使用情况 comb；

④ 损失函数的选择 loss_fun；

⑤ 优化器的类型 optimizer 及其参数。

优化器除了可以选择不同的类型外，还需要为其配置参数，因此属于条件型超参数。表 6-4 所示为所提模型的超参数及其设置。符号 U 表示该值为均匀分布；qU 表示离散分布，如 qU(1, 5, 1) 表示从 1～5 且间隔 1 的离散分布。

表 6-4　超参数设置及其取值范围

超　参　数			类　　型	取值范围
timesteps	/		Discrete	qU(1, 5, 1)
units	/		Discrete	qU(5, 32, 1)
comb	/		Discrete	qU(1, 512, 1)
loss_fun	/		Categorical	[mae, mse, mape]
optimizer	SGD	learning_rate1	Uniform	U(0.001, 0.1)
		momentum1	Uniform	U(0.8, 0.99)
		decay1	Uniform	U(0.99, 0.999)
	RMSprop	learning_rate2	Uniform	U(0.001, 0.1)
		decay2	Uniform	U(0.99, 0.999)

续表

超 参 数			类 型	取 值 范 围
optimizer	Adagrad	learning_rate3	Uniform	$U(0.001, 0.1)$
		decay3	Uniform	$U(0.99, 0.999)$
	Adadelta	learning_rate4	Uniform	$U(0.001, 0.1)$
		decay4	Uniform	$U(0.99, 0.999)$
	Adam	learning_rate5	Uniform	$U(0.001, 0.1)$
		decay5	Uniform	$U(0.99, 0.999)$
	Nadam	learning_rate6	Uniform	$U(0.001, 0.1)$
		decay6	Uniform	$U(0.99, 0.999)$

本节采用随机搜索(RS)和树形 Parzen 评估(TPE)两种超参数优化方法对上述模型的超参数进行优化,设置最大评估次数为100。所有的实验运行10次,分别取 10 次运行的最小值(Min)、最大值(Max)、平均值(Mean)和标准差(Std)作为评价标准,分析 RS 和 TPE 两种方法在该案例上的效果。需要注意的是,其采用的是 RS、TPE 迭代 100 次的最优值进行的 10 次结果统计,其结果如表 6-5 所示。

表 6-5 RS 和 TPE 在 NASA 数据集的 B5、B6、B7 电池上的结果

数据集	算法	Mean	Max	Min	Std
B5	RS	0.010 01	0.014 37	0.004 61	0.003 89
	TPE	0.010 72	0.025 93	0.005 60	0.005 70
B6	RS	0.024 12	0.038 29	0.014 88	0.007 50
	TPE	0.023 92	0.036 79	0.017 05	0.006 46
B7	RS	0.010 59	0.027 03	0.003 64	0.006 62
	TPE	0.008 05	0.013 80	0.005 44	0.002 76
CS35	RS	0.015 84	0.022 74	0.012 09	0.003 19
	TPE	0.016 75	0.022 18	0.009 29	0.004 94
CS36	RS	0.030 68	0.070 81	0.011 24	0.021 78
	TPE	0.024 55	0.048 46	0.010 93	0.012 70
CS37	RS	0.018 07	0.028 26	0.009 49	0.006 31
	TPE	0.015 36	0.021 12	0.008 80	0.004 64
CS38	RS	0.014 68	0.025 86	0.008 89	0.004 97
	TPE	0.014 31	0.019 49	0.011 36	0.002 57

从表 6-5 上看,RS 和 TPE 在 NASA 数据集中 B5、B6、B7 三个电池上的效果基本相当,TPE 略有优势。在平均值指标上,RS 在 B5、B6、B7 电池上的平均 RMSE 分别为 0.028 48、0.055 95 和 0.013 58。而 TPS 在三个电池上的结果为 0.027 25、0.055 58 和 0.012 91。在最优值方面,TPE 比 RS 在 B5 和 B7 上较优,在 B6 上基本和 RS 相当。

在 CALCE 数据集上,TPE 比 RS 具有一定的优势,TPE 在 CS35、CS36、

CS37、CS38 四个电池上的平均值为 0.017 42、0.029 62、0.013 00 和 0.015 86,而 RS 在这四个电池上的数值分别为 0.015 42、0.033 27、0.018 18 和 0.017 45。除在 CS35 电池上 TPE 比 RS 略差之外,在其他的三个电池上 TPE 均比 RS 取得了更好的效果。

为了分析最大迭代次数对 RS 和 TPE 性能的影响,此处分析了最大评估次数分别设置为 20、30、40、50、75、100 时的结果,如表 6-6 所示。从结果上看,当最大评估次数小于 50 时,增加最大评估次数,RS 和 TPE 在三个数据集上能明显观测到 RMSE 指标的改善。然而,在最大评估次数大于 50 之后,可发现在 B5、B6 两个电池上 RS 和 TPE 分别迭代 75 次或者 100 次对结果影响不大。但是,在其他的 5 节电池上,将最大评估次数增加至 100 时,依然能观测到预测指标的改善。由此可见,增加最大评估次数能提高最终的预测效果,得到更优的 SOH 预测模型。但是,增加评估次数会消耗更多的搜索资源和时间,应合理选择合适的最大评估次数。

表 6-6 RS 和 TPE 在 NASA 数据集的 B5、B6、B7 电池上的结果

数据集	算法	20	30	40	50	75	100
B5	RS	0.023 774	0.013 794	0.018 182	0.011 749	0.013 708	0.010 006
	TPE	0.019 345	0.012 584	0.010 622	0.009 746	0.016 652	0.010 724
B6	RS	0.030 424	0.033 716	0.030 208	0.023 145	0.021 334	0.024 115
	TPE	0.030 682	0.028 155	0.023 361	0.021 237	0.025 810	0.023 918
B7	RS	0.018 593	0.010 403	0.011 326	0.013 948	0.005 656	0.010 593
	TPE	0.012 154	0.007 953	0.010 947	0.010 701	0.010 033	0.008 046
CS35	RS	0.025 537	0.020 311	0.018 761	0.017 588	0.021 164	0.015 838
	TPE	0.026 277	0.021 160	0.018 560	0.015 566	0.019 628	0.016 750
CS36	RS	0.041 859	0.037 468	0.039 380	0.032 772	0.030 986	0.030 683
	TPE	0.032 514	0.037 497	0.040 205	0.033 759	0.031 328	0.024 549
CS37	RS	0.026 225	0.018 060	0.017 054	0.017 188	0.018 158	0.018 071
	TPE	0.020 117	0.019 048	0.014 303	0.018 596	0.017 218	0.015 356
CS38	RS	0.029 401	0.022 077	0.021 102	0.021 015	0.015 033	0.014 680
	TPE	0.028 714	0.023 706	0.016 518	0.016 617	0.015 751	0.014 306

B5、B6、B7 电池在最优预测参数下的预测效果分别如图 6-10、图 6-11、图 6-12 所示。其中红色线条表示训练集,实线表示真实 SOH 结果,虚线为预测 SOH 结果。黑色为验证集,蓝色为测试集。从图中可以看出,所提方法在上述的三个电池上的预测效果均较优,均能较好地反映 SOH 的变化趋势和数值。在 3 节电池中,仅在 B6 的最后部分存在轻微漂移,其他两节电池均能较好地重合。由此可见,所提方法在上述 3 节电池上均取得了良好的预测效果。

由于在 CS35、CS36、CS37、CS38 四个电池上的预测结果与 B5、B6、B7 电池类似,所以此处不再重复说明。

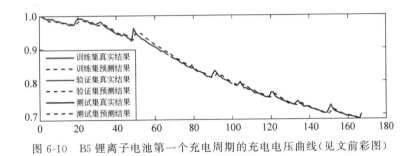

图 6-10　B5 锂离子电池第一个充电周期的充电电压曲线（见文前彩图）

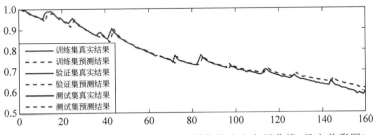

图 6-11　B6 锂离子电池第一个充电周期的充电电压曲线（见文前彩图）

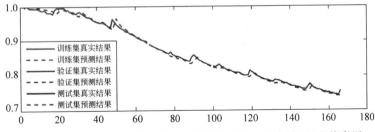

图 6-12　B7 锂离子电池第一个充电周期的充电电压曲线（见文前彩图）

6.4　习题

1. 采用 GRU 模型对航班乘客预测问题进行预测，并与 LSTM 模型的效果进行比较。

2. 采用 MNIST 数据集构建一个稀疏自编码器模型，并采用自动机器学习的方法对其进行超参数优化。

参 考 文 献

[1] 周志华. 机器学习[M]. 北京：清华大学出版社，2016.

[2] GOODFELLOW I，BENGIO Y，COURVILLE A. 深度学习[M]. 赵申剑，黎彧君，符天凡，等译. 北京：人民邮电出版社，2017.

[3] MITCHELL T. 机器学习[M]. 曾华军，张银奎，译. 北京：机械工业出版社，2008.

[4] LECUN Y，BENGIO Y，HINTON G. Deep learning[J]. nature，2015，521(7553)：436-444.

[5] RUMELHART D E，HINTON G E，WILLIAMS R J. Learning representations by backpropagatingerrors[J]. nature，1986，323(6088)：533-536.

[6] HINTON G E，OSINDERO S，TEH Y W. A fast learning algorithm for deep belief nets [J]. Neural computation，2006，18(7)：1527-1554.

[7] SIMONYAN K，ZISSERMANA. Very deep convolutional networks for large-scale image recognition[J]. Computer Science，2014.

[8] CHEN X F，WANG S B，QIAO B J，et al. Basic research on machinery fault diagnostics：Past，present，and future trends[J]. Frontiers of Mechanical Engineering，2017，13(2)：1-28.

[9] LEI Y G，YANG B，JIANG X W，et al. Applications of machine learning to machine fault diagnosis：A review and roadmap[J]. Mechanical Systems and Signal Processing，2020，138：106587.

[10] SHAO H D，XIA M，WAN J F，et al. Modified stacked auto-encoder using adaptive morlet wavelet for intelligent fault diagnosis of rotating machinery[J]. IEEE/ASME Transactions on Mechatronics，2021，Accepted：DOI 10.1109/TMECH.2021.3058061.

[11] WANG J，XU C，ZHANG J，ZHONG R Y. Big data analytics for intelligent manufacturing systems：a review[J]. Journal of Manufacturing Systems，vol. 62，no. 1，pp. 738-752，Jan. 2022.

[12] REN R，HUNG T，TAN K C. A generic deep-learning-based approach for automated surface inspection[J]. IEEE transactions on cybernetics，2017，48(3)：929-940.

[13] GAO Y，LI X，WANG X V，WANG L，et al. A review on recent advances in vision-based defect recognition towards industrial intelligence[J]. Journal of Manufacturing Systems，2022，62：753-766.

[14] CUI L，JIANG X，XU M，et al. Sddnet：a fast and accurate network for surface defect detection[J]. IEEE Transactions on Instrumentation and Measurement，vol. 70，pp. 1-13，2021，Art no. 2505713.

[15] TANG Z，TIAN E，WANG Y，et al. nondestructive defect detection in castings by using spatial attention bilinear convolutional neural network[J]. IEEE Transactions on Industrial Informatics，vol. 17，no. 1，pp. 82-89，Jan. 2021.

[16] TABERNIK D，SELA S，SKVARCJ，et al. Segmentation-based deep-learning approach for surface-defect detection[J]. Journal of Intelligent Manufacturing，2020，31(3)：759-776.

[17] BERGSTRA J, BENGIO Y. Random search for hyper-parameter optimization[J]. Journal of machine learning research, 2012, 13(2).

[18] 邱锡鹏. 神经网络与深度学习[J]. [2017-04-21]. https://nndl.github.io/. QIU Xipeng. Neural network and deep learning, 2018.

[19] 亨特, 特霍夫, 万赫仁. 自动机器学习(AutoML): 方法、系统与挑战[M]. 何明, 刘淇, 译. 北京: 清华大学出版社, 2020.

[20] TAN Y, ZHAO G C. A novel state-of-health prediction method for lithium-ion batteries based on transfer learning with long short-term memory network[J]. IEEE Transactions on Industrial Electronics, 2019, 67(10), 8723-8731.